博士带你玩

飞鸟

《知识就是力量》杂志社 编

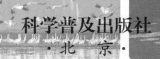

U0260269

科学普及出版社
·北 京·

目录 Contents

归去来兮：我国的候鸟与留鸟
阙品甲 孙梦婕
.... 002

鸟类——为生而飞 几又
.... 016

远程飞行大师 Tatsuya
.... 020

翻山越岭，值得吗 刘慧莉
.... 028

北极燕鸥：最远的飞行是绕地球一圈 江泓
.... 034

动物们的旅行绝招 苏幕遮
.... 038

最后的隐鹛 盗龙
.... 046

优雅高贵的鹤世界 马建章
.... 050

暗藏心机的鸟类巢穴 危箬
.... 054

冬季，窥探湿地"鸟"之乐
朱敬恩
······· 108

冬季，来西草海飞羽寻踪
陈晓霜
······· 116

摇摆的绅士　　　　　赵佳
······· 124

这些美羽独恋神州大地
卢汰春　贺鹏
······· 068

黑嘴鸥：湿地中的"隐士"
安澜
······· 078

家鸡：野鸟到家禽　　彭旻晟
······· 082

鸡年，看名鸡竞羽
吴海峰　张劲硕
······· 090

云南：跟鸟儿约个会　关翔宇
······· 098

归去来兮：
我国的候鸟与留鸟

撰文／阙品甲　孙梦婕

鸟类的迁徙是世界上最为壮美、最令人惊叹的自然现象之一。每年都有数百亿的鸟类往来于它们的繁殖地和越冬地之间。它们跨过高山峡谷，飞越崇山峻岭，横跨湖海，只为了一个信念，回到那片生养它们的地方。从冰天雪地的南北两极，到炎热干旱的撒哈拉沙漠；从世界之巅的珠穆朗玛峰，到碧海蓝天的南太平洋，几乎在世界的每个角落都能看到迁徙鸟类的身影。但是所有的鸟类都会迁徙吗？什么样的鸟算是候鸟？什么样的鸟又算是留鸟呢？

留鸟

世界上现存的鸟类中已经被分类学家们发现并正式命名的多达1万多种,而其中大约有3/4的种类一年四季都只在一片不算很大的区域内生活繁衍。这些终年栖息于同一地区,不进行远距离迁徙的鸟类通常称之为留鸟,比如常见于城市园林的麻雀(*Passer montanus*)、白头鹎(*Pycnonotus sinensis*)以及喜鹊(*Pica pica*)等,有很多可能终其一生也没有离开过它们出生的这座城市。随着冬天的来临,气候越发寒冷,越来越多的小嘴乌鸦(*Corvus corone*)开始在傍晚时分涌入北京城,落在高高的杨树上夜栖,以度过漫长的寒夜;待到日出天亮,它们又成群结队地向郊外飞去,找寻可以果腹的东西。

○ 小嘴乌鸦

然而有一些留鸟,在繁殖结束后会离开繁殖期间生活的那一小片家园,到附近其他地方去探索寻找更为广阔的天空。它们居无定所,什么地方能找到更多更好的食物就去什么地方,直到春暖花开才回到繁殖区繁育雏鸟,这样的留鸟又叫作漂鸟,比如煤山雀(*Parus ater*)、普通䴓(*Sitta europaea*)等。

候鸟

哪些鸟类才算候鸟呢?"小燕子,穿花衣,年年春天来这里……"这对于很多人来说可能是最早接触的关于候鸟的描述了。在中国大部分地区,通常只有在春季和夏季才能见到繁殖的家燕(*Hirundo rustica*)。繁殖结束后,它们便带着当年出生的小鸟开始往南方迁徙,在温暖的东南亚度过寒冷的冬季。待到气温回升,它们爱吃的蚊蝇开始滋生的春天,它们才开始成群结队地往北方的繁殖地迁徙。

像家燕这样每年都会在春秋两季沿着比较稳定的路线,在繁殖区和越冬区之间进行迁徙的鸟类便是通常所说的候鸟。候鸟们每年南来北往的现象很早便引起了人类的注意，在 2200 多年前的《吕氏春秋》中便指出"孟春之月鸿雁北，孟秋之月鸿雁来"，讲的便是每年的春分之后，大雁（*Anser sp.*）从遥远的南方飞回北方生养、繁殖，到了秋分之后又不远千里，长途跋涉去往温暖南方的现象。此外，像"庄生晓梦迷蝴蝶，望帝春心托杜鹃"中的大杜鹃（*Cuculus canorus*）；"两只黄鹂鸣翠柳，一行白鹭上青天"中的黄鹂（*Oriolus chinensis*）、白鹭

○ 鸿雁

（*Egretta garzetta*），也都属于典型的候鸟。

"鸿雁向南方，飞过芦苇荡，天苍茫，雁何往，心中是北方家乡。"鸿雁（*Anser cygnoides*）在我们国

○ 白鹭

家通常繁殖于东北地区，冬季大多来到长江中下游的鄱阳湖、洞庭湖等湖沼湿地越冬。而位于东北和长江中下游之间的广大区域，它们既不在那里繁殖，也不在那里越冬，仅仅是迁徙期间路过，疲倦了找个安全的地方休息一下，饿了找一片水草丰沛的湖泊补充能量，但绝不会在那里长期逗留。

夏候鸟、冬候鸟和旅鸟

为了更好地认识和了解鸟类，鸟类学家们根据候鸟在不同地区的旅居情况，把候鸟细分为夏候鸟、冬候鸟和旅鸟三种类型。

夏候鸟

那些只在春夏才会来到这里繁衍后代，繁殖结束后便离开到南方地区过冬，翌年春天又返回这一地区繁殖的候鸟，比如家燕、杜鹃等，都属于中国的夏候鸟。

冬候鸟

那些只有冬季才会来到中国越冬，翌年春季又飞往更北地区繁殖，待到秋季又飞临中国越冬的候鸟，比如雪鸮（*Bubo scandiacus*）、猛鸮(*Surnia ulula*)、太平鸟(*Bombycilla garrulus* ）等，则是中国的冬候鸟。

旅鸟

另外还有一些候鸟，它们从更遥远的南方来，前往更北的北方。它们将中国作为漫长旅途中的驿站，稍作停歇，既不在此繁殖后代，也不做长时间的停留，这就是途经中国的旅鸟，例如红腹滨鹬（*Calidris canutus* ）、斑尾塍鹬（*Limosa lapponica* ）等。

迷鸟

鸟类的迁徙是一个困难重重、

○ 这只比麻雀大不了多少的环颈鸻夏天在渤海湾一带繁殖，冬天在东南亚越冬，迁徙过程中会途径华东、华南等地

充满未知的漫长旅途，有时一些偶然因素可能会导致它们偏离传统的迁徙路径或栖息地，出现在正常分布区域之外的地方，这些仿佛迷失了方向的候鸟，我们形象地称之为迷鸟。比如 2012 年 10 月，北京的观鸟爱好者王沁在内蒙古乌尔汗旗发现了一种非比寻常的小鸟 —— 白冠带鹀（*Zonotrichia leucophrys*），它们原本是广泛分布于北美洲的像麻雀一样的雀鸟，这个季节通常已经飞往美国南部甚

至墨西哥等地越冬了，此前从未在中国被人所记录。

候鸟？留鸟？其实身份可以互换

候鸟和留鸟不过是一组相对的概念，尽管对于不同的鸟类而言，迁徙的动因可能是多种多样的，既有遗传因素，也有外部环境因素，但归根结底都是为了更好地生存下去，更好地繁衍自己的后代，更好

○ 细嘴鸥主要繁殖于北非、地中海和西亚，在波斯湾等地及印度北部越冬，在中国云南、四川这些远离它们正常分布区的地区，细嘴鸥可谓是迷鸟了

地适应自然环境。因此，鸟类也可能根据自然环境的不同调整自身的生活习性，在栖息环境合适的情况下，有的候鸟可能会长久地滞留于某地，甚至最终改变千百年迁徙的习惯。

候鸟变留鸟

例如我们俗称为仙鹤的丹顶鹤（*Grus japonensis*），它们通常栖息于开阔的湿地、湖泊。进入繁殖季节，它们常常会鸣歌起舞，大方地展示那优雅矫健的身姿，自古以来就深受人们的喜爱。

在日本的北海道，踏雪赏鹤一向是当地人冬季传统的户外活动。过去，这里的丹顶鹤原本为冬候鸟，只有隆冬时节才会来到，开春便前往北方的俄罗斯、蒙古和中国黑龙江等地进行繁殖。但由于北海道人民长期投食喂养，丹顶鹤即便在水面结冰的情况下也能得到充足的食

○ 东方白鹳通常会在每年3~4月从长江中下游的越冬地飞往我国东北地区和西伯利亚东南部繁育后代，近年来在鄱阳湖也有小部分的东方白鹳留下来成为留鸟

○丹顶鹤

物，因此便逐渐从冬候鸟演变成了当地的留鸟，不再进行迁徙。同样，在中国的黑龙江扎龙自然保护区，丹顶鹤也放弃了迁往南方越冬的习惯。原本，它们每年会在扎龙自然保护区和江苏盐城之间来往迁徙，可是扎龙为丹顶鹤准备了充足的食物和良好的过冬环境，所以丹顶鹤便不再南飞，变成了扎龙的留鸟。

传说中的剧毒——鹤顶红

鹤顶红，是红信石的代称，这是一味中药，是由砒华、雄黄、毒砂等含砷矿物煅烧加工得到的含有砒霜的混合物，因为含有硫的杂质而呈红色。"鹤顶红"是古人对此类毒药的一个隐晦说法，而丹顶鹤的"丹顶"，则是性成熟的一种生理表现。在发情期的春季，丹顶鹤头顶的红色区域较大，颜色也鲜艳；而冬季则较小，色彩较暗淡。

留鸟变候鸟

有时原本定居于某地的留鸟也会为了寻觅更加适宜的环境转变为候鸟。例如欧洲丝雀（*Serinus serinus*）原本只分布在地中海地区，可是后来科学家们发现整个欧洲大陆都有欧洲丝雀的身影，甚至直达波罗的海。原来在地中海地区生活的欧洲丝雀仍然是留鸟，扩散出去的那部分则变成了候鸟，每年繁殖季节定期返回。有时候这种变化甚至是突如其来的，一次风暴或者一次人类的行为都可能将原本在某地长期生活的鸟儿变成新区域的候鸟。因此，当我们说留鸟和候鸟这两个概念的时候，通常需要加上地域的描述，因为就算是白鹭这种通常概念中的候鸟目前也在许多城市扎下了根，变成了当地的留鸟。

让候鸟飞

鸟类的迁徙是一项严酷的考验，途中不仅要承受各种恶劣天气所带来的飞行难度，小型的雀类还可能在途中被捕食者猎杀，或者由于自身准备不充分无法飞越沙漠、高山、大海，而最终身葬他乡。但是候鸟们迁徙的远古记忆仍然代代相传，每到迁徙的时候，身体中就有个声音呼唤其开始启程，几乎所有的成员都会前赴后继地踏上征途。自然选择的压力要求它们要抢在有限的时间内飞往更合适的地方，而祖先们设计路线的时候往往为了避开辽阔的大海和高山险阻，通常不是进行直线的迁徙而是绕道而行，导致大部分候鸟迁徙距离都较长，因此迁徙线路途中会有一些必经的停歇地，以补充能量完成最后的旅程。

○迁徙的候鸟

"欣欣向荣"背后的真相

由于经济的迅速发展，人口的增加，许多沿海滩涂湿地被认为是无用的荒地，大肆开垦，使得这些远方客人们的立足之地越发地拥挤不堪。也许，你看到了密密麻麻的候鸟都聚集在一起，以为这是环境改善所致，可事实却是大部分候鸟找不到中途停歇驿站，只能被迫挤在一个地方，造成一番"欣欣向荣"的景象。

每年往返于北极圈和澳大利亚的红腹滨鹬需要在前期大量囤积脂肪，虽然自身不到 140 克，但就是这样一只不起眼的候鸟，仅单程的迁徙旅途便长达 10000 千米。它们昼夜兼程，经过 5 ~ 6 天的旅程一口气从澳大利亚飞向我国的渤

○ 这只尖尾滨鹬经过漫长的迁徙之旅，还没到达目的地就已力不能支了（摄影/阙品甲）

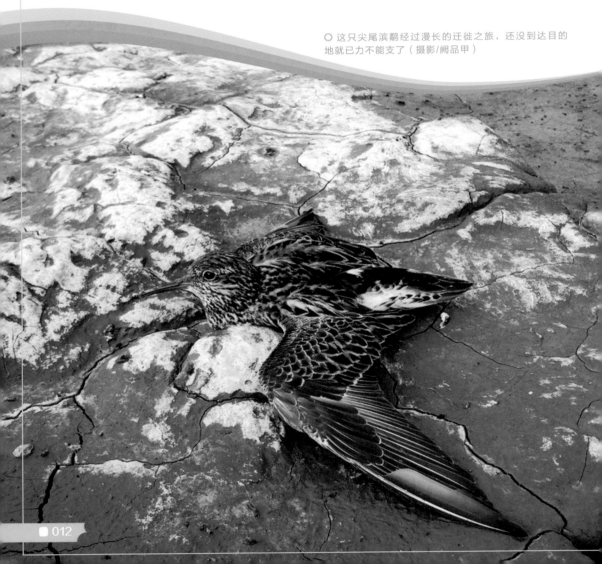

○ 被捕鸟网困住的鸟儿们

海湾地区，此时它的体重已经消耗了 1/3，但北极圈繁殖地据此还有 4000 千米。如果此时驿站的食物不足，它们将因为无法在驿站上充分地补充能量而不能再次起航；或是与大部队脱离，那么孤身起航的候鸟往往会成为捕食者下手的对象；或是勉强抵达，但却错过了良好的繁殖时机。

客死他乡的鸟儿们

对于小型雀鸟来说，我国的迁徙之旅更为艰险重重。由于中国地形复杂，山川相互交错，鸟儿们需要翻越崇山峻岭才能到达目的地。许多小鸟为了躲避天敌的攻击，专挑晚上赶路；也有的鸟儿日夜兼程，几乎不停歇地一口气到达；当然，大型猛禽因为天敌较少，多选择白天赶路。无论是哪种方式，它们的目的只有一个——尽早到达。然而，因为一些人的贪婪和愚昧，不少鸟儿们客死他乡，在捕鸟网上结束了自己的旅程。

黄胸鹀（*Emberiza aureola*）在广东等地又被称为禾花雀，每年秋天从繁殖地西伯利亚、达乌尔及中国东北，飞往中国南方的广东、湖

○ 濒危动物——黄胸鹀

南等地越冬。这个曾经遍布中国南方的小鸟，早期因被认为对农作物有害，在除四害的运动中同麻雀一样是被重点打击的鸟类；近年来，又因受中医滋补观念的误导，被认为有一定的药用价值而遭到大量捕杀。栖息地的破坏再加上人为的捕食，导致黄胸鹀的种群急剧下降。

2013 年 11 月 1 日，国际自然保护联盟（IUCN）正式将黄胸鹀从易危级别提升至濒危。也就是说，黄胸鹀从原来四处可见的候鸟，变成了同大熊猫一样濒危的物种。当在广东已经很难寻觅到黄胸鹀的踪影时，利欲熏心的商人们又将鸟网扑向了南部其他省份，造成整个南方地区种群锐减。

对于候鸟来说，迁徙原本就是一次重大的生命考验，只有那些身强力壮的鸟儿才能完成考验，将自己优秀的基因传递给下一代。如果人类在这趟旅途中又布下了天罗地网，那么也许在不久的将来，我们将再也见不到它们。

鸟类——为生而飞

撰文 / 几又

  电影《迁徙的鸟》开场白这样写道："这是关于承诺的故事，一个对归来的承诺，候鸟们飞越上万英里，千辛万苦，只为了一个目的——生存。它们是为生而飞"。

世界上最小的鸟类——蜂鸟，如蛾子般大，也要扛起迁徙的承诺，小小的身躯蕴藏着无限能量。

星蜂鸟是北美最小的蜂鸟，体重仅3克，却是蜂鸟中迁徙距离最长的。它们能够从位于加拿大西南部的繁殖地，穿越5000多千米的北美大陆飞到墨西哥城。有趣的是，雌鸟和雄鸟并不是同步起程的，雄鸟先于雌鸟开始迁徙；而雌鸟会推迟迁徙是有原因的：一方面是照顾嗷嗷待哺的幼鸟，等待幼鸟羽翼丰满，有足够的飞行能力；另一方面雌鸟需要恢复因生育而耗尽的体力，几个星期后，雌鸟才带领新生命们开始回归之旅。

另一个伟大的旅程发生在严寒酷冷的南极。

帝企鹅，这种世界上最大、长相高贵的企鹅也要经历环境最差的繁殖旅程。它们的迁徙用的不是飞，而是一步一个脚印走出来的。在接近零下62℃的南极大陆，成千上万只、一对对的帝企鹅冒着暴风雪，踩在支离破碎的冰面上，成群的从南极洲北部向南部举步维艰地挪步，只因为南部生态环境更稳定，更适合帝企鹅宝宝们存活。

○ 终于团聚的企鹅一家

飞越世界上最远的距离，或许没有鸟类敢跟北极燕鸥抢这项桂冠了。这种细红嘴剪刀尾的小家伙，在其长达 30 年的生命中，每年都要经历两次往返于地球极北（北极）和地球极南（南极）的穿越。

○ 寒冬迁徙的鹤

小贴士

鸟类的迁徙有各种队形。雁、鸭和鹤多为"人"字形，带头者善飞，而且经常替换；勺嘴鹬迁飞时则形成一种长而宽的长链；椋鸟和鹬类迁飞时队形呈紧密的闭链群，即成一个小团。

远程飞行大师

撰文 / Tatsuya

　　一只燕子造就不了整个夏天，但是当一群雁冲破三月雪融的阴郁时，春天就降临了。

　　　　　　——阿尔多·利奥波德《沙乡年鉴》

繁殖·使命伟大

三月春分之后，白天越来越长，气温也越来越高。鄱阳湖的鸿雁开始蠢蠢欲动。它们 2012 年 10 月份从西伯利亚飞到这里，在宽广的湖面、湿地滩涂和附近的草地田野游荡觅食，度过了整个冬天。这时，千万年来沉淀在基因中的信号告诉它们，离开越冬地的时候要到了，它们结成十多只小群，冲上天空，向北方飞去。在一个多月内，鄱阳湖就有 5 万多只越冬的鸿雁和其他数十万只冬候鸟，再次回到它们来的地方，去完成它们延续种族的伟大使命——繁殖。

○ 火烈鸟不是严格的候鸟，只在食物短缺和环境突变的时候迁徙

大多数迁徙的鸟类会在低纬度越冬，在高纬度繁殖。以大多数鸟类生活的北半球为例，高纬度北方的夏日，植物和昆虫繁盛而集中，这为鸟类自身和养育后代提供了足够的食物；且较长的光照时间能让鸟类有充分的时间育雏。相对于南方，那里的气候更温和，竞争与天敌也相对较少，这一切都更有利于繁殖。到了秋冬季节，北方的气候变得严酷，植物枯萎或休眠，活下来的昆虫也蛰伏起来，湖河水面大多结冰，食物短缺使多数鸟儿无法抵御严寒。因此在繁殖期之后，很多鸟开始准备进行秋季的迁徙，飞去南方越冬。

○北京野鸭湖
生态系统（绘图／
刘蕴松）

芦苇

灰鹤

灰鹤

大鸨

豆雁

不同年份同一时期气温的不同会影响鸟类出发的时间，春天来得早，会让鸟类更早地开始迁徙，寒冷的年份，鸟类也会推迟迁徙。在繁殖期之后的迁徙，不同种类的鸟开始南迁的时间不同，一般来说，较大体型的鸟会更晚开始迁徙。在9月，家燕等小型鸟类就已经离开繁殖地，而天鹅、鹤等大型鸟类可能会到11月才开始迁徙。在秋季迁徙时，当年出生的幼鸟往往和成鸟一同前往越冬地，但也有例外，一些鸟的幼鸟飞行速度较成鸟慢，会更早地迁徙，如雨燕。有些鸟的成鸟会由于换羽的原因而早于或晚于幼鸟飞往南方。

○ 每年的5月间，雌疣鼻天鹅产卵孵卵，雄天鹅守卫在身旁，寸步不离。直到10月或11月，它们会结队南迁，在南方气候较温暖的地方越冬养息

TIPS: 你知道吗

每年有几十万只候鸟在鄱阳湖区域越冬，使这里成为中国最大的候鸟越冬地，这里也是全世界鸿雁、东方白鹳等鸟类最大的越冬地。每年有5万~6万只鸿雁在此越冬，这种鸟是中国家鹅的祖先，繁殖于西伯利亚、蒙古和中国东北地区。

导航·能力非凡

初夏时节，在北京郊区的野鸭湖，雌性绿头鸭开始孵卵和育雏，而雄性绿头鸭则跑到茂密的芦苇丛中藏了起来。今年的繁殖任务已经结束，接下来，绿头鸭将要经历一段很危险的时间。同其他雁形目鸟类一样，这段时间它们的初级飞羽会同时脱落，暂时失去飞行能力，等新的羽毛完全长成，迁徙就会开始。

鸟类迁徙最令人着迷之处是鸟

TIPS: 你知道吗

初级飞羽，附着于鸟翼末端节的飞羽。生长在相当于人的手掌位置的鸟的前肢处。生长在相当于人的小臂处的飞羽称为次级飞羽。

类如何准确地返回之前的繁殖地和越冬地。像鸳鸯这样洞巢的鸟，几乎每年都会回到原来的树洞繁殖。像雨燕这样的幼鸟早于成鸟迁往南方的种类，能够在没有父母的带领下，飞到其种群的越冬地，并在下

○ 靛蓝彩鹀，营巢于美国东半部分大片地区灌木丛，雄鸟几乎一身靛蓝色，但在墨西哥南部和中美洲越冬时会换上褐色的体羽，与雌鸟相仿

一年春天再准确地回到出生的地方。这意味着，迁徙的候鸟必须拥有良好的定向和导航能力。对鸟类的研究表明，迁徙的鸟类的定向和导航的方式是多样的，主要来自五个方面：地形特征；星辰位置；太阳和投影；地球的磁场；气味。

候鸟迁徙大多沿着固定的飞行路线，它们会利用路线上一些显著的地形特征和地标。鸟类学家埃姆伦父子利用天文馆的人造星空，证实了靛蓝彩鹀在夜间可以通过星辰进行定向。当他们旋转人造星空时，靛蓝彩鹀的定向也改变了。

在白天，鸟类利用太阳的高度和方向来推算自己的位置和飞行方向。一些实验表明，在没有太阳和星空的阴天，鸟类会利用地球磁场来定向，近些年来的研究推测鸟类喙中的磁受体和眼球中的"蓝光受体"能够让鸟类感知地球磁场，甚至看到地球磁场的磁力线。另外一些研究显示，鸽子和一些海鸟会利用嗅觉找到自己的巢。

工作原理

整个装置类似一只笼子，最开始，鸟放在笼子的底面，鸟的脚底会粘上墨水，在扑飞的时候，脚会碰触斜面，斜面上便会留下脚印。笼子的顶上是网，即人造的星空，哪个方向的脚印越多，说明鸟有强烈的往哪个方向扑飞的欲望。

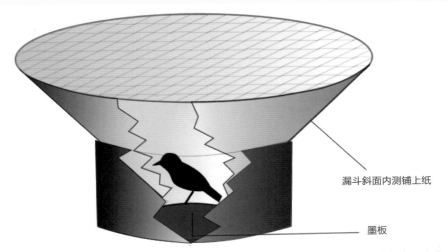

漏斗斜面内测铺上纸

墨板

埃姆伦父子在 20 世纪 60 年代发明了埃姆伦漏斗，是一个漏斗形的笼子，底部有一个印台，漏斗斜面为纸板。靛蓝彩鹀在飞的时候，会在纸板上留下印记，用于指示迁徙的方向

路上·危险重重

鸟类迁徙的路程不仅是伟大的旅程，也是艰辛而悲惨的旅程。多数鸟一路上除了面临恶劣的气候、天气、天敌追捕等自然因素造成的困难外，人类活动对它们影响也越来越大。人类抛弃和散养的猫等捕食者会捕捉迁徙途中在城市和市郊停歇的鸟类，在美国，流浪猫和散养猫已经成为野生鸟类的头号杀手；迁徙途中的鸟有时候会撞上高层建筑、电线和风力发电机，这样的撞击往往是致命的，尤其是风力发电机往往处于鸟类的迁徙通道上。此外，在很多地区，人们会在迁徙时节在鸟类的迁徙通道上大量猎杀候鸟；人类造成的更大的威胁是过度开发造成鸟类栖息地的丧失和破坏，无法满足鸟类在迁徙之前的能量补充，而迁徙的鸟类越来越难找到合适的停歇地、越冬地和繁殖地。

鸟类迁徙是百万年以来演化而成的地球上最伟大的生命旅程，在这一旅程中，数以百亿的生命为了繁衍后代不惜面对一切艰难险阻，跨越数百千米乃至半个地球的距离。而正是如此，这些长羽毛的生命才会遍布整个地球，并生生不息地延续下去。

◎ 沙丘鹤主要分布在北美、古巴和西伯利亚东北部，在中国罕见

翻山越岭，值得吗

撰文 / 刘慧莉

　　动物的迁徙是一场严酷的考验，它们要经历各种艰难险阻，还可能客死他乡。尽管如此，动物们还是前赴后继地进行着这场浩浩荡荡的旅程。

国际特快专递

　　动物在迁徙时，都会带走一些东西，这些东西对其他动植物来说可能很重要，这就使迁徙成为自然界里最重要的传递系统中心。比如

以水果为食物的鸟类总是把种子带到很远的地方，这就传播了种子。新的果树在不同的地方生长，为那里的动物提供了新的食物。不仅是鸟类，其他迁徙的动物也有同样的作用。

多米诺骨牌效应

每一个物种都拥有自己独特的价值和意义，而物种之间的联系，也严格遵守生物链环环相扣的法则，像一副多米诺骨牌，一旦中间的某一张倒下，就会影响到其他物种。

马蹄蟹（也叫作"鲎"），地球最古老的动物之一，在地球上生存了近3.5亿年，被称为"活化石"。红腹滨鹬，一种生活在海边的滨鸟。它们出生在北极，每年飞往南美洲的海岸线过冬，大部分时间在大西洋的上空度过。

那马蹄蟹和红腹滨鹬会有什么特殊关系呢？20世纪90年代，人们发现红腹滨鹬的数量急剧减少，科学家才开始调查数量减少的原因。

○ 马蹄蟹

原来，每年春天，成千上万的成熟马蹄蟹会迁移到海滩上，举行一年一度的产卵仪式。在产卵的过程中会有很多卵暴露在外面，这些卵就成了红腹滨鹬的食物。马蹄蟹产卵的高峰期只有两周，红腹滨鹬必须把握好时机，在准确的时间到达海岸，如果错过自然界精心安排的这顿旅途中的大餐，它们接下来的旅途将不可想象。

○ 马蹄蟹的卵是红腹滨鹬迁徙途中的重要能量补给来源

另一方面，渔民大量捕捉马蹄蟹做鱼饵。据统计，在 20 世纪 90 年代，一年被捕捉的马蹄蟹就达 200 万只。马蹄蟹的减少让红腹滨鹬几乎遭受灭顶之灾。

○ 红腹滨鹬吃马蹄蟹的卵

下一站，哪里

2012 年 11 月 10 日，500 只东方白鹳抵达天津北大港湿地。它们带着刚刚长成的新一代亚成鸟，在此地将做上长达半个月的休憩，待恢复体力后继续赶路。这种优雅的大型水鸟，是世界濒危物种，全球已不足 2500 只。在德国，它们被叫作"送子鸟"。而在中国，它们是野味经济链条中的高价猎物，一只全鸟烹饪后的菜价高达上千。由于栖息地的丧失，候鸟不得不挤在所剩无几的湿地中停歇，这也就意味着，一旦有任何危险，就会全军覆没。天津北大港是渤海湾的重要湿地之一，也是东亚–澳大利亚西线路上的必经之路。这 500 只东方白鹳集中出现，意味着它们可以选择的其他湿地已经消失殆尽。

11 月 11 日，这批东方白鹳到达北大港的第二天，人们发现，约有 70 只东方白鹳有中毒迹象，其中 3 只已经死亡。经过连续 7 天的

○ 东方白鹳

救援，最终救起了 13 只东方白鹳，100 多个其他雁鸭类的候鸟中毒死亡。经警方侦查，这批中毒候鸟死于盗猎分子的剧毒——呋喃丹。11 月 21 日，一百多位志愿者聚集在北大港，为治愈的这 13 只东方白鹳做放飞。重返蓝天的飞羽精灵久久不愿离去，似乎是在诉说感谢，又仿佛在表达着它们的担忧。

对于迁徙动物来说，栖息地的完整和安全，是繁衍生物多样性的重要前提。如果没有栖息地，候鸟的下一站，只有灭绝！

帮一把：身边的保护

在我国，花鸟市场和商业化放生的重大经济刺激，导致鸟儿

正以 1:20 的存活率从自然界被捕捉。在交易市场见到的 1 只活鸟，背后是挂在盗猎分子鸟网上的 20 只死鸟。这个伤害量并不亚于野味经济。

我们如何爱鸟？

答案：不占有。

首先，去观鸟吧！到自然界中欣赏鸟儿。

其次，贴上窗花防止鸟类在高速行进时，一头撞上透明的玻璃。因为只有一部分有幸能在撞晕后恢复过来，大部分都会立即死亡。

最后，当发现鸟网、兽夹等野生动物盗猎工具，请拍照，立刻拨打当地林业部门和森林公安电话、110、或者你所在城市的护鸟团队热线电话。

○ 湿地，不仅孕育了丰富的生物多样性，也是迁徙鸟类的停歇驿站

北极燕鸥：
最远的飞行是绕地球一圈

撰文 / 江　泓

　　当春节临近，在中华大地上就会上演几亿人回家的壮观大戏，这就是我们常说的"春运"。与人类的"迁徙"相比，动物界的迁徙要艰难和伟大得多。为了完成生命的延续和轮回，动物们往往要凭借自己的力量在几个月内完成上千甚至上万千米的迁徙。在天空中、陆地上、海面下，迁徙的动物们用自己的生命书写着地球上最神奇的旅程。

北极燕鸥是一种外表并不艳丽的海鸟，它们身体细长，动作伶俐。虽然名字中有"燕"有"鸥"，但是北极燕鸥与燕子和海鸥没有亲缘关系，它属于鸟类中鸻形目下的燕鸥科。北极燕鸥的体型只能算是中等，从嘴巴到尾巴的长度在 33~39 厘米之间，翅膀展开的宽度在 76~85 厘米之间，体重86~127 克。北极燕鸥细长的喙呈红色，前额和面部呈白色，头顶和颈背呈黑色。北极燕鸥全身羽毛呈灰色，两翼的翼尖边缘呈深灰色，腹部羽毛呈淡灰色，双脚红色。像燕子一样，北极燕鸥的尾巴分叉，尾羽呈白色。

○北极燕鸥

北极燕鸥以万里迁徙创造了生命的奇迹，成为迁徙距离最长、飞行速度最快的动物。北极燕鸥是地球上迁徙距离最远的动物，它们的迁徙之旅应该从位于北极的栖息地开始。每年的5~8月，此时正是北半球的夏天，北极燕鸥会在它们位于北极圈附近（包括加拿大、阿拉斯加、格陵兰岛、北欧、俄罗斯北部等地）的繁殖地内求偶、繁殖及养育后代。小北极燕鸥刚出生时就像小鸡一样，身上长了灰色的绒毛。很快，小北极燕鸥就能自由活动并长出飞羽，这期间它的父母会为其提供食物和保护。

当8月末，北半球的夏天即将结束时，小北极燕鸥也已经具有了飞行能力，它们将跟随父母开始生命中的第一次超长距离地迁徙。北极燕鸥在大西洋和太平洋上会选择多条迁徙路线，我们以大西洋上的迁徙路线为例。北极燕鸥从北欧和格陵兰岛的繁殖地出发，它们并不着急向南飞行，而是先飞到北大西洋，这里有丰富的食物。在北大西洋上空，北极燕鸥会用一个月的时间进食，为即将开始的远行积蓄能量。当吃饱喝足之后，北极燕鸥会分成两支，一支沿着非洲西海岸向南飞行，另一支沿着南美洲东海岸向南飞行。尽管路线不同，但是殊途同归，北极燕鸥的目的地都是冰雪覆盖的南极大陆。

当12月来临时，经过4个月飞行的北极燕鸥在飞跃了半个地球后纷纷到达位于南极洲的栖息地，此时正是南半球的夏天。在南极周围的海域，大量的磷虾为北极燕鸥提供了食物，没有了繁殖的压力，北极燕鸥可以尽情享受南半球的夏天。在南极的4个月中，新生的小北极燕鸥会不停地进食，让自己尽快长大，可以迎接来年新的迁徙。

来年 3 月，当北半球的春天到来时，养精蓄锐的北极燕鸥再次挥动翅膀，它们要回到自己位于地球最北端的出生地。与来时的路线不同，北飞的北极燕鸥几乎都选择了同一条路线，这条路线曲折地穿过整个大西洋，在地图上看呈一个大大的"S"形。在茫茫的大海上没有任何地方落脚休息，北极燕鸥只能不停地飞行，饿了就掠过海面捕鱼吃。

5 月，仅仅经过 2 个多月的飞行，北极燕鸥就回到了位于北极附近的繁殖地。在这里，它们再次开始生命中最伟大的工作——繁育后代。就这样，北极燕鸥们完成了一年一度两次穿越南北半球的超长距离迁徙，其来回一次的迁徙距离长达 3.8 万千米。一只北极燕鸥的平均寿命为 30 岁，一生的飞行距离达到了 150 万千米，相当于地球和月球间往返三趟。正是因为北极燕鸥每年都会经历南北两极的两个极昼，所以它被称为是永远生活在光明中的动物，这正是大自然对最长迁徙的北极燕鸥最伟大的奖赏。

○北极燕鸥捕食磷虾来获得能量来源

动物们的旅行绝招

撰文 / 苏幕遮

现在的年轻人，很多都喜欢骑车去西藏。在出发之前，他们要锻炼身体，准备好车子、食物、药品。那动物们在旅行之前会准备些什么呢？

脂肪做燃料

为了进一步认知动物的迁徙强度，我们来做一个比较。长跑运动员体重约 65 千克，完成一个马拉松全程需要奔跑 42 千米；加拿大雁体重 6.5 千克，迁徙路途长达 966 千米。按照体重的比例计算，加拿大雁的迁徙相当于马拉松选手长跑 9660 千米——也就是 230 个马拉松的距离。

这么高强度的旅行，准备充足的能量非常必要。很多迁徙鸟类在

○鸟类在迁徙前，会大量进食，准备充足的能量（摄影 / Tatsuya）

离开之前会大量进食，将多余的能量存于皮下脂膜，体重较之于平时增加了不少。比如，蜂鸟在迁徙之前，体重就会增加一倍（大约是四个曲别针的重量）。体重在这个时候显得至关重要，试想，哪只瘦弱可怜的小鸟能担负得起如此高强度的任务？脂肪就像燃料一样支持着整个旅行，比如对于一只体重15克的鸟来说，每1克脂肪可以支持200千米的飞行。另外，水果里含有大量的糖分，比昆虫更容易转化成脂肪。有些候鸟平时以昆虫为食，但为了迁徙，很多鸟都会通过改变食谱来增加脂肪。比如画眉鸟，

在出发之前就会把浆果和其他水果当作它的主食。

气流来助力

为了能飞回自己的老家，动物们可真是用尽了各种绝招。比如黑颊林莺这种鸟，身长只有10厘米，却能够在短短的5天内，从美国的东南部一直迁徙到南美洲！出发前，它们一直在等待，就等那猛烈的西北风一来临，它们搭上"顺风车"，借助风的力量穿越浩瀚的大西洋到达南美洲。不过，即使是有

○ 太平鸟的黑色贯眼纹在其栗褐色的头部极为醒目，此鸟在繁殖期以昆虫为食，秋后则以浆果为主食（摄影／Tatsuya）

风的帮助，在黑颊林莺的迁徙过程中，它们也需要振动翅膀大约 400 万次，才能够到达终点。还有些鸟类，比如隼、鹰、鹈鹕还有鹤，它们的翅膀平展开来很宽大，因此它们不用振翅，只需平展翅膀和尾翼，依靠上升的暖气流就可以飞行（这种飞行方式叫作翱翔）。暖气流是从地面上或水面上升起的暖空气，气流因为炎热或者遇到了山脉等障碍物而上升。鸟类沿着山脉迁徙时，暖气流就像升降式电梯一样，帮助螺旋式向上飞行的鸟类节省力气；而当暖气流冷却下来并停止

◯ 雕的翅膀堪称是轻便型设计中的奇迹。骨头中空，初级飞羽如同手指一样展开减少阻力。飞翔的大部分动力来自于向下扇动的翅膀

上升时，鸟类只要稍稍扇动一下翅膀，就可以快速移入下一个暖气流，借助下一台"电梯"继续上升、向

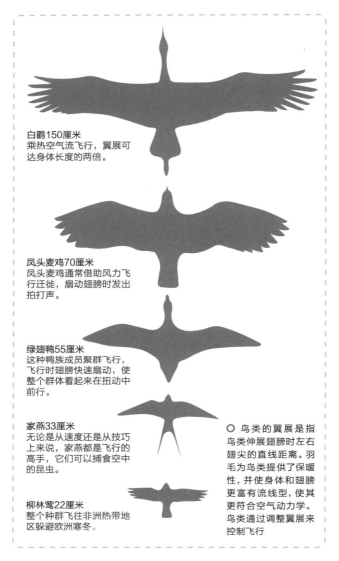

白鹳150厘米
乘热空气流飞行，翼展可达身体长度的两倍。

凤头麦鸡70厘米
凤头麦鸡通常借助风力飞行迁徙，扇动翅膀时发出拍打声。

绿翅鸭55厘米
这种鸭族成员聚群飞行，飞行时翅膀快速扇动，使整个群体看起来在扭动中前行。

家燕33厘米
无论是从速度还是从技巧上来说，家燕都是飞行的高手，它们可以捕食空中的昆虫。

○ 鸟类的翼展是指鸟类伸展翅膀时左右翅尖的直线距离。羽毛为鸟类提供了保暖性，并使身体和翅膀更富有流线型，使其更符合空气动力学。鸟类通过调整翼展来控制飞行

柳林莺22厘米
整个种群飞往非洲热带地区躲避欧洲寒冬。

而在海边的鸟儿，甚至终日都可翱翔。风吹经海面，离海面越近会越受到摩擦，从而在大约45米高的气层中产生许多切层，风速可以从最低处的零点到达最顶层的最高速。海边的那些鸟儿充分利用这一点在气流中盘旋、升降，周而往复地寻找最高风速的地点来获得最大的动力支持，因此，纪录片里会经常出现这样的镜头：浩瀚的大海上，鸟儿威严地在海面上盘旋、飞翔，轻松自由，毫不费力。

除了风和气流，一些动物也成为了免费的"交通工具"。花螨以花蜜和花粉为食，它们依靠蜂鸟迁徙到新的植物上。当蜂鸟在花朵中吸取花蜜时，花螨只需不到1秒钟就可以钻到蜂鸟的鼻子里；当蜂鸟钻到另外一朵花的附近时，花螨又钻了出来。在蜂鸟嗅一下花的气味时，花螨会迅速跳出来决定是否从蜂鸟的鼻子中"下车"。

前。通过这种方式，鸟儿一天便能飞越几百千米，而只损耗很少的能量。因为暖气流更容易在陆地上空形成，所以翱翔的鸟儿会尽量在陆地上空迁徙，它们宁愿绕很远的距离也要避开水路搭上省力的电梯。

TIPS: 鸟类的飞行方式

鸟类在空中飞行，源于它们轻且中空的骨骼和带有羽毛的翅膀，它们飞行时主要是鼓翼、滑翔和翱翔交替使用。一般来说，小型鸟类以鼓翼和滑翔为主，大型鸟类多具有较好的翱翔能力。

一．鼓翼

这是鸟类飞行的基本方式，特别在起飞以及在飞行中需要获得更大的升力和冲力时。鸟类飞行时靠双翼快速、有力扇击而产生动量。当沿水平路线飞行时，翅膀向前下方挥动以产生升力和推力；若推力超过阻力、升力而等于体重时，即能保持直线向前的速度。鸟类在扬翅时不会产生推力，此时是靠前一次扇动翅膀时所产生的水平方向的动量而前冲。

二．滑翔

这是从某一高处向前下方的飘行。滑翔得以持续的条件是：体重/速度=移动距离/失高。升力与阻力的比值越高、滑翔的速度越小时，下沉的速度也越慢，从而获得较远的水平滑翔距离。鸟类飞行时，在鼓翼获得足够的高度和推力之后，常伴以不同程度的滑翔，也是着陆前的必要飞行方式。

三．翱翔

这是鸟类从气流中获得能量，而不需肌肉收缩获得动量的一种飞行方式。翱翔消耗的能量最少，那些翅膀宽大的鸟类以这种方式飞行，例如鹤、鹳和猛禽。

○ 蜂鸟的鼓翼飞行与众不同。它在扬翅时翼面呈"8"字形转动，翼的上表面转向后方击动空气从而获得推力，因此在扬翅及扇动翅膀时均能产生升力和推力，能够像直升机一样"悬停"在花前吸吮蜜汁，甚至还可以倒退（摄影 / Tatsuya）

昼路夜路，不走寻常路

你一定在白天看到过一大群鸟儿从天空飞过，那你有没有不经意间瞥见过一团黑压压的影子掠过月亮，没错，那就是在夜间飞行的鸟群。相对来说，绝大多数候鸟，特别是小型食虫鸟、食谷鸟、涉禽和鸭类会在白天进食、休息，在夜晚飞行，所以有一种计算迁徙鸟类数目的方法就是观察统计月亮下鸟群的阴影（在迁徙的季节，一个小时之内，观察月亮的人就能看到多达200种鸟类）。这些鸟儿在夜间飞行是为了躲避白天会遇见的天敌猛禽等，主动错过与它们相交的机会。不过也有科学家认为，凉爽少风的夜晚更适合小型鸟类的飞行。夜晚，

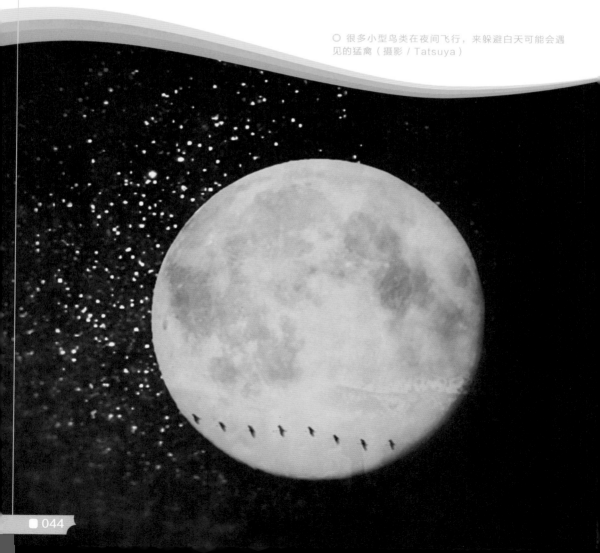

○ 很多小型鸟类在夜间飞行，来躲避白天可能会遇见的猛禽（摄影 / Tatsuya）

○ 在枝头鸣叫的麻雀（摄影 / Tatsuya）

鸟儿凭借月亮的光芒、云朵的反射、星光的闪烁和水面的反光，可以清晰地辨识出地面的轮廓。另外，具有固定位置的北极星也能为它们指引北方。在飞行时，鸟群会通过鸣叫聚集成一个整体，来传达彼此的信息。不过如果夜间漆黑一片，浓云密布或者有暴风雨的话，鸟儿就会停下来躲过这一夜。而那些大型鸟和猛禽，如鹤、鹳、鹰、隼及乌鸦等，由于受到的敌害威胁较少，可以大摇大摆地在白天飞行。而有的鸟类，如野鸭、雁、天鹅等则白天和夜晚都会飞行。

TIPS: 鸟类的鸣叫

许多鸟类在迁徙和越冬时集群生活，例如麻雀群集在一起时，会叽叽喳喳发出一阵阵叫声，这叫声中既有敌意的，也有友善的。成百只麻雀集群活动时存在三种不同的联络叫声：第一种出现在起飞时；第二种出现在飞行中；第三种既出现在飞行中，又发生在觅食时和入巢前。

许多小鸟随季节变化迁徙时，常常在晚上赶路。它们在黑暗的夜空中彼此看不见但又需要保持成一个整体，鸣叫声就成为了它们聚集在一起的唯一手段。许多种鸟儿都有以此为目的的特殊叫声。有过这样一个实验，给关在笼子中的鸟播放同类鸟的鸣叫声，它们会撞向笼子的顶部。对于迁徙的鸟儿来说，加入同伴飞行队伍的冲动是不可抗拒的；而对于在迁徙中小憩的鸟来说，同类鸟飞过它们头顶时留下的叫声，十之八九是要带它们飞。

最后的隐鹮

撰文 / 盗龙

　　2015年10月9日，北京动物园中最后一只隐鹮以22岁的"高龄"去世。至此，中国境内可能再也没有隐鹮存在。隐鹮的生活习性正如其名，安静而隐蔽，然而它们却逐步丧失了自己的生存空间。作为一种濒临灭绝的鸟类，其生存的窘境足以再次引起人们对濒危动物和生态环境保护的关注。

　　朱鹮是大家耳熟能详的鸟类，但是提到它的近亲隐鹮，就很少有人知道了。隐鹮与朱鹮的外形相似，成鸟体长约80厘米，翼展可达1.35米，这种鸟类全身上下覆盖着具有铜绿色及紫色光泽的黑羽毛，没有羽毛的头部裸露出红色的皮肤。隐鹮长有细长而向下弯曲的红色喙，这是鹮类动物的典型特征。隐鹮很少发出叫声，它那一脸泰然的表情，就像一个看尽人间沧桑的隐士一般，正如其名。

早在 180 万年前，隐鹮就已出现在地球上，它曾经广泛分布于欧洲南部、亚洲西部和非洲北部。隐鹮属于候鸟，它们会上百只成群，在栖息地间迁移。隐鹮生活在半荒漠和戈壁环境中，主要以昆虫、蜥蜴及无脊椎动物等为食，它们是唯一在悬崖上筑巢的鹮类。

失踪的隐士

生活在欧洲的隐鹮成了人类活动的受害者，随着人类的捕杀、栖息地的减少和食物的匮乏，其数量迅速减少。1504 年，萨尔茨堡大主教发出谕令要求对隐鹮进行保护，但这无法阻止隐鹮数量的锐减。1555 年，瑞士医生康拉德·格斯讷首次科学描述了隐鹮，在他的文章中还特别提到了这种鸟的肉质鲜嫩、非常美味。到 18 世纪初，最后一批隐鹮消失在奥地利的崇山峻岭中，欧洲的隐鹮也就此消失。

◎生活在悬崖峭壁上的隐鹮（供图 / 江泓）

○隐鹮（供图／江泓）

在亚洲西部的土耳其，宗教意外地成了隐鹮的保护者。土耳其人相信在天空中迁移的隐鹮，是在指引他们的穆斯林教徒前往麦加进行朝拜。正是这个原因使得土耳其的隐鹮得到了保护，但是进入 20 世纪后，人类的活动还是严重威胁到了隐鹮的生存。1992 年，最后一只野生隐鹮死亡，宣告这种鸟类在土耳其的消失。

目前，隐鹮已被列入《濒危野生动植物种国际贸易公约》附录 I。世界自然保护联盟也将隐鹮的受危级别定位为"极危"。

动物园中的希望

今天，全世界的隐鹮数量大约有 1500 只，其中 500 只是生活在摩洛哥苏塞－马塞河国家公园

○保护区中正在翩翩起舞的隐鹮（供图／江泓）

（Souss Massa National Park）的野生种群，另外 1000 只则分布在世界各地的动物园中。在欧洲的动物园中，约有 850 只隐鹮，其他 250 只生活在北美洲及日本的动物园中。中国的哈尔滨动物园曾经从日本引进了 3 只隐鹮（2 雄 1 雌），后来它们被送到了北京动物园。经过动物园的精心饲养，北京动物园中的隐鹮数量一度达到 6 只，但是由于种种原因，它们还是一只只死去了。

从 2002 年开始，奥地利政府派出飞机引导隐鹮进行迁移，到 2008 年已获得初步进展。在西班牙，30 只隐鹮被放生，尽管遇到了挫折，但是人们并没有放弃努力。终有一天，野生的隐鹮将再次出现在欧洲的天空。在隐鹮的最后家园摩洛哥，当地政府在保护野生隐鹮的同时，也开始在动物园中引入隐鹮进行饲养，以建立新的种群。该园中的隐鹮数量已超过 20 只，当种群数量达到 40 只后，便会尝试进行放生训练使它们再次野化。

就在隐鹮即将灭绝之时，人类终于意识到保护这种安静鸟类的重要性，世界各地的动物园成为拯救隐鹮的重要基地。

这些因发展而陷入绝境的动植物，人类正在加紧拯救。经过人们不懈的努力，目前世界上隐鹮的数量已开始缓慢回升。以此为鉴，我认为只有当人类与各种野生动植物和谐相处时，我们才能真正实现与大自然的平衡。

◎ 隐鹮黑色的羽毛具有金属光泽，它是一种非常安静的鸟类（供图 / 江泓）

优雅高贵的鹤世界

撰文 / 马建章

全世界的 15 种鹤中，我国分布有 9 种，分别为丹顶鹤、白枕鹤、白头鹤、灰鹤、黑颈鹤、蓑羽鹤、白鹤、沙丘鹤、赤颈鹤。其中，前 6 种在我国既有繁殖记录也有越冬记录；我国是白鹤的越冬分布地，江西鄱阳湖越冬的白鹤数量占世界白鹤数量的 99% 以上。

鹤作为一种鸟类，无数次地出现在我国的艺术作品中，是什么原因让它如此被我们厚爱，让我们走进鹤的世界。

尽职尽责的父母

丹顶鹤的孵化不只是母鹤妈妈的事情，父鹤爸爸也参与，二者轮流换孵，一只孵化、另外一直觅食警戒。经过 31~33 天的孵化，雏鹤就会出壳。刚出生的雏鹤最大的任务就是吃食、长身体，成鹤会根据其体能情况适当选择活动范围。大约 3 个月，雏鸟的身体指标便已接近成鸟，能进行试飞活动，这时丹顶鹤多数选择既开阔利于雏鸟试飞的、又临近芦苇沼泽利于及时躲避天敌的苔草区域。

○ 丹顶鹤在哺育小鹤（摄影／马建华）

经过多次反复的试飞活动，雏鸟便掌握了飞行的技巧。大约 9~10 月，丹顶鹤家族便开始有意储备体能，以备秋季南迁。迁徙之前，成鹤会有意地带着雏鹤适应气流飞翔，如何随着气流盘旋至高空，这是丹顶鹤迁徙所必需的本领。待到时机成熟，丹顶鹤便会携带幼鸟以家族的形式南飞。

○ 小鹤在玩耍中成长（摄影 / 马建华）

丹顶鹤的迁徙

根据越冬地的不同，丹顶鹤的迁徙种群分为东线和西线两个迁徙路径。西线群体的丹顶鹤，繁殖于中国境内的松嫩平原、辽河流域和辉河湿地等区域，越冬于中国境内江苏的盐城国家级自然保护区、

○ 双鹤齐鸣
（摄影 / 马建华）

山东的黄河三角洲国家级自然保护区，这是丹顶鹤迁徙种群的主要线路，松嫩平原的黑龙江扎龙国家级自然保护区是该迁徙路线的重要繁殖区，松辽平原的辽宁双台河口国家级自然保护区是我国境内丹顶鹤分布的越冬地最北界和繁殖地最南界。东线群体的丹顶鹤，繁殖于中国境内的三江平原和俄罗斯的布列亚河湿地，越冬于朝鲜半岛中部非军事区。

每年春季的 3~4 月份，丹顶鹤就离开越冬地迁来繁殖地，开始了一年一次的繁殖活动；10~11 月，带着自己的幼鸟离开繁殖地返回越冬地越冬。

鹤文化

丹顶鹤在我国的文化十分悠久，它典雅健美、善鸣喜静的优美形象已成为人们心目中"吉祥、长寿、幸福、忠贞"的象征，并体现在历代以来人们生活中的层层面面。

明清时代至 20 世纪初，我国人们对鹤的饲养和观赏的热情依然高涨，对丹顶鹤的观察已经细致入微，对一些史实描述进行了辨伪如丹顶鹤胎生和鹤顶红有毒；尤其是近代以来的普通百姓的生活中，频频闪

○ 故宫中的铜鹤（摄影 / 马建华）

现鹤的身影，如壁画、衣柜、饮具、扇子等等。

现在，我国人们对鹤的情怀有增无减，无论是影视作品中，还是艺术造型上，鹤的身影频繁出现。同时我国还建立了鹤类保护区、鹤类保护协会等专门机构对鹤类进行保护。历史悠久的鹤文化已根植于我国人民心目中，正在代代弥散深入。

暗藏心机的鸟类巢穴

撰文 / 危骞

"屋"，从小篆的字形结构来看，是人类来到某地居住的庇护所。而在甲骨文中，"穴"字上面是顶，下面用两块相向的大石头拱住，即模仿岩石中的洞窟，多是指野生哺乳动物居住的地点。而说到"巢"字，从金文中我们可以发现，该字上面是由树枝编制的兜状窝，下面是树木，多是指鸟儿用草和树枝在树上搭建的住所。这，就是鸟类居住的地方了。

有所不同的是，屋和穴几乎都可以算得上是一年四季居住的场所，而巢，对于鸟儿来说，却并非其常年居住之地。鸟的巢，大多只是它们用来繁殖的场所，而在不繁殖的大部分时间，除了不会飞的鸟以外，几乎所有的鸟夜晚都会在树上栖息。但就是这个一年只会被使用几个月的巢，却被鸟爸鸟妈们打理得有声有色。也许我们能从以下几种各具特色的鸟巢中窥见这些鸟爸鸟妈们的小心机。

①中华秋沙鸭雌鸟在树洞巢中孵卵（摄影／朴龙国）
②中华攀雀的筑巢技艺巧夺天工（摄影／雨后青山）
③萌萌的东方角鸮雏鸟从树洞巢中探出头来（摄影／奇异的恩典）

鸳鸯：偏爱水边老树洞

可能在大家的普遍印象中，鸭子都只会在水中游，可事实上，它们有些是会上树的！比如我们耳熟能详的艳丽鸭子——鸳鸯。鸳鸯不但会上树，还会把自己的巢筑在树洞里，这恐怕让很多人出乎意料。

过了交配期，鸳鸯"夫妻"就开始物色营巢地点了，它们通常选择紧靠水边、容易产生扭节的杨树等老龄树的主干树洞筑巢。这些"临时小屋"的洞口大小约为 8 厘米×9 厘米，洞深 64 厘米左右。巢内除树木本身的木屑外，鸳鸯妈妈

○ 营树洞巢的中国特产鸟种——鸳鸯（摄影/鸟网·同行）

还会从自己身上拔下细密的绒羽。

可惜的是，在鸳鸯的繁殖地，由于树木被人类大肆地砍伐，有树洞的老树如今已经很少了，当它们每年从越冬地飞回北方，常常发现

○ 栗喉蜂虎在泥洞穴旁观望（摄影/雨后青山）

飞了很长的路，却无法找到一个可以落脚的地方。

每年 4 月中旬，中华秋沙鸭到达繁殖地后，就开始寻找天然树洞筑巢。这些树洞巢洞口一般距地面超过 10 米，洞内直径 27 厘米左右，洞口约为 20 厘米 ×9 厘米。由于孵化出的"鸟宝宝"要在一两天之内"跳巢"，躲进水中。因此，鸟爸鸟妈们营的巢多紧邻河边。它们在巢内垫以木屑，上面覆盖着绒羽，并混有少量羽毛和青草叶。为了护孩子的周全，鸟爸爸还常设伪巢。

爱修浮巢的䴙䴘

浮巢，顾名思义，就是漂浮的巢。它的主人——小䴙䴘（音同：小 PT）是一种像鸭子的水鸟，以水生昆虫和小鱼小虾为食物。和大多数野鸭把巢建在芦苇丛中或者湖岸边不同，它们把巢就筑在了水面上。

○ 确定恋爱关系的䴙䴘凤头夫妇在共同筑巢（摄影／张胜纪）

◎须浮鸥正衔着食物准备哺育幼鸟（摄影/张胜纪）

这个策略似乎比鸭子来得更为聪明。你看，漂浮在水面上的巢可以修在水中央，这样陆地上的天敌就无法接近了。而且，浮巢可以随着水位的波动而上升下降，也不会因为水位的变化而导致巢被水淹没。

当然，这种浮巢的修筑难度貌似会相对大一些，但这肯定难不倒小䴙䴘！它们先在水面依托浮游植物或者挺水植物确定"自己家的地址"。都说万丈高楼从地起，可见地基的重要性。可小䴙䴘们营巢却反其道而行之，要的就是没地基，也真是把逆向思维发挥到极致了。相信如果小䴙䴘会说话，它一定会非常骄傲自己"随波逐流"的本领。

蜂虎：泥壁上的"凿洞高手"

要找树洞还得靠大树，局限真是太多了。既然现成的窝难找，那么何不自己挖洞？蜂虎就是自食其力挖洞的典范。

石头当然是凿不出洞来的，但是泥巴应该没有问题。所以蜂虎们到了繁殖季节，常常会结群在光秃秃的泥壁上，用弯长的嘴凿出一个个土洞。但是软硬适中、适合挖凿的泥墙也不是那么容易找的，因此蜂虎的繁殖地一般也相对集中。比如栗喉蜂虎喜欢集群营巢，先迁入营巢地的栗喉蜂虎选择占据营巢断崖坡面的中央位置。挖掘新巢洞要花费蜂虎亲鸟12~20天时间。不过，大部分蜂虎的泥洞巢并不是单靠亲鸟夫妇完成的，会有许多鸟来协助营巢，种群越大，帮助比例越高，挖掘速度可大幅提高。栗喉蜂虎的巢洞均为隧道型直洞，走向与营巢断崖坡面垂直，巢洞末端为椭

○ 蓝喉蜂虎飞离巢穴（摄影/奇异的恩典）

○ 衔泥筑巢的金腰燕（摄影/危骞）

圆形巢室，巢洞内外温差较大，但巢室内温度稳定。

不得不说，蜂虎是名副其实的"打洞高手"，它们以蜜蜂、蝴蝶、蜻蜓为食，一旦"安家落户"于某地，其他蜂虎也会"闻讯而至"，这时候，巢区周围的飞行昆虫可真是倒了大霉。

家燕的"碗巢"与金腰燕的"葫芦巢"

家燕和金腰燕都是伴人居住的鸟类，它们常把巢修筑在人们的屋檐下。很多时候，我们走在乡间，总是能看到村舍房檐下的燕子巢。但是在白天，如果不是育雏期，它们大多都在外活动，我们如何才能分辨是哪种燕子在这里筑巢呢？

其实很简单，家燕与金腰燕的巢虽然都是衔泥而作，可形状却是大相径庭。家燕的巢像从中间切破的半个碗一样，开口朝上，而且比碗底更阔，小鸟卧伏其中，当有亲鸟回巢时，会纷纷抬起头来乞食。而金腰燕的巢却像半个从中间纵向切开的葫芦卧倒的形状，巢的开口在侧面，且比内部小，当亲鸟回巢

时，小鸟纷纷从侧面的小出口挤出头来乞食。知道这个，即使你看不到它们的影子，也能根据泥巢的形状判断是哪种燕子在光顾这个幸运的人家了。

○ 碗巢中的家燕（摄影/危骞）

燕窝：可以吃的鸟巢

中国是燕窝的产地，只是产量极少。古时候每年也只有一两百个的产量，而现在，中国的燕窝几乎已经绝迹了。那么燕窝究竟与其他种类的燕子窝有什么不同？又为何会如此稀少而珍贵？

燕窝，其实就是雨燕的家，准确地说，是一种叫戈氏金丝燕的雨燕所筑的窝。由于戈氏金丝燕常常选择将巢筑在海岛或者海岸的岩洞内壁，而附近又缺乏巢材，它们就用自己的唾液混着少许绒羽或者草根，在洞壁粘连成一个极小的碗状巢。

正因为这种巢的可食用性，给戈氏金丝燕带来了灭顶之灾。每年到了繁殖期，它们的巢都会被人滥肆采摘，常常导致繁殖失败，使得戈氏金丝燕的种群数量越来越少，燕窝也变得越来越稀有，如此恶性循环下去。其实燕窝的营养成分主要是可溶性胶原蛋白，并没有独特的营养价值，可自古就让人趋之若鹜，也许就是物以稀为贵吧。

反看戈氏金丝燕的亲戚们，比如分布在中国南方大部分地区的短嘴金丝燕，它们筑就的大部分燕窝却是无法食用的，虽然这些雨燕的燕窝也是由唾液粘连而成，但里面混有大量的草根或泥土等其他巢材，反而幸运地获得了繁衍空间。

戈氏金丝燕以自身唾液为主材的巢，不过是其适应海岛环境后演化而得的特殊技艺，我们在惊叹大自然神奇的同时，也为人类对自然的愚昧掠夺而感到悲哀。

○ 燕窝

中华攀雀：
用心编织"爱巢"

中华攀雀是一种小型林鸟，它们的筑巢行为是由雄鸟单独完成的。雄鸟在还未和雌鸟配对之前，便先自行编织未来小家庭的欢乐窝。雄鸟把巢编织得像一个吊着的气球，开口在侧面，极为精致。为

了让天敌够不着，雄鸟一般都会将巢设置在河边树木延伸到河面的枝杈上。

一旦有了"房产"，雄鸟就要给自己精美的巢找一个女主人了。即便是如此精美的巢，虽然是为了孵化幼鸟，可如果没有寻到配偶，雄鸟会把自己辛苦织好的巢毅然抛弃。值得一提的是，每一年，雄性的中华攀雀都

○中华攀雀的
精致编织巢
（摄影/危骞）

○ 普通夜鹰有着与周围环境及其相似的羽色（摄影/雨后青山）

会为自己当年的伴侣重新编织一个新房，绝不使用二手房，真算得上是"指房为婚"的楷模了。

夜鹰："懒人"的巢

为什么说夜鹰的巢是"懒人"的巢？因为这也许根本就算不上巢！夜鹰估计是对自己羽毛的保护色极其自信的鸟类，它们的羽色和地面、树皮极其相似，因此它们筑起巢来也就"犯懒"了。

树枝上当然是搁不稳蛋的，因此它们就将自己的巢址选择在地面。只是它们在地面的巢也是极为简单。在林地里稍微刨个浅坑，甚至不刨，没有任何的巢材，这朋友就把蛋生下来了。在城市繁殖的夜鹰，更是会直接把蛋产在屋顶平台或者屋侧窗户下的空调平台上，这如果算得上巢的话，也可以说是"大道至简"了。不过相比大杜鹃来说，夜鹰好歹是自己找了个空地下蛋，虽然付出不多，但也算得上自食其力了。那么我们说的大杜鹃，究竟是什么厉害角色？

"借巢育子"的杜鹃

　　虽然大部分的鸟都会自己筑巢，但也有天生不爱做巢的鸟，这里面最出名的恐怕就是杜鹃了。前面我们告诉大家，巢对于鸟来说，其实只是繁育后代的场所，杜鹃当然也要繁育后代，那它是不是不需要巢就能繁殖呢？

　　显然不是，对于杜鹃来说，最省事的方法就是，自己不做巢，用别人的巢，而且孩子都不用自己养，让别人代养。杜鹃常常会找体型比自己小得多的小型雀形目鸟类的巢来产自己的卵，它并不是靠着体型大去霸占，而是趁小鸟不注意，悄悄地让自己的蛋和这些小鸟的蛋混在一起，让小鸟们帮忙孵化。当杜鹃的雏鸟比这些寄生鸟的雏鸟先孵出来后，它会自行处理掉养父母的孩子，让自己独享养父母的宠爱，这可真是坏事也要做到底啊！

　　拿我们最常见的大杜鹃来说，这种杜鹃能寄生的小鸟就多达两百多种，有这心思去找这两百多种鸟来试试是否可以寄养自己的蛋，都有工夫自己造个巢了，真难说它是懒呢，还是"一肚子坏水"。所以有时候，我们会看到鸟妈妈含辛茹苦地叼来虫子，喂养体型比自己还大的杜鹃幼鸟，千万别觉得奇怪，这是杜鹃"借巢育子"的把戏哩！

○ 大杜鹃（下）偷袭苇莺（左上）想占苇莺的窝（摄影/奇异的恩典）

这些美羽独恋神州大地

撰文／卢汰春　贺鹏

　　中国是世界上鸟类多样性极其丰富的国家，不仅因为中国鸟类总种数占全球的 1/8，更因为有着丰富的中国鸟类特有种。那么，中国究竟有多少鸟类特有种？科学家告诉我们，如果考虑到物种多样性保护和物种区系的划分，中国目前共有 105 种已知特有鸟。

知识链接：鸟类特有种的形成

　　在漫漫历史长河中，中国版图上的地形、地貌曾发生过翻天覆地的变化——青藏高原隆起、海岛与大陆板块隔离……科学家们研究发现，鸟类特有种往往集中分布于某一地区，而中国的鸟类特有种就集中在青藏高原、"喜马拉雅－横断山"一带以及中国台湾地区等地，这些都可以和历史上的地质事件形成对应。

　　这些地质事件所形成的高山和大海，是某些鸟类不可逾越的屏障。经过长时间的生殖隔离和演化，它们逐渐分化出知识

链接：鸟类特有种的形成不同的亚种或新种，并且沿袭了"历代"久居中国的习惯，成为今天的中国鸟类特有种。

○ 褐马鸡（摄影／王治国）

○白冠长尾雉（摄影／冯江）

○ 红腹锦鸡雄鸟（上）和雌鸟（下）

○ 红腹锦鸡属于国家二级重点保护野生动物

红腹锦鸡：闪耀世界的中国"金鸡"

物种档案

名称： 红腹锦鸡

保护级别： 国家二级重点保护野生动物

分布区域： 中国甘肃和陕西南部的秦岭地区

　　雉类是中国鸟类特有种中最丰产的类群。它们既是陆禽，又是留鸟；

它们不善飞翔，很容易成为特有种。所以在中国鸟类特有种中，仅雉类就有 22 种，约占 1/5，是特有种数量最多的类群。雉类被大家认识往往是由于其雄鸟有着异常艳丽的羽毛，相比之下，雌鸟则显得暗淡无光。这在动物界里是普遍现象，因为雄性要用艳丽的外表吸引雌性的注意，而雌性因为要育幼，所以要尽可能隐藏起来。

最为大家熟知的雉类明星大概就是红腹锦鸡了，它可是驰名中外的中国"金鸡"。鸟类学研究泰斗郑作新院士在世时，曾回忆自己最初回国研究动物学，就是因为在外国人的标本馆里看到产自中国的红腹锦鸡，非常触动。早在 19 世纪 90 年代至 20 世纪 50 年代，红腹

○红腹锦鸡
（摄影／陈鲁生）

○ 红腹锦鸡雄鸟羽色艳丽（摄影／陈鲁生）

锦鸡就数次被引入英国各地放养繁殖。所以说红腹锦鸡是中国特有种，只针对其野外种群。

　　红腹锦鸡雄鸟羽毛灿烂如锦，头上具金色羽冠，腹部通红，所以被称为"红腹锦鸡"。因其羽色艳丽，在传统文化中有"金鸡报晓"和"金鸡报喜"一说，故被列入我国的"国鸟"候选名单中。红腹锦鸡主要分布于中国中部和西部，如青海西南部、甘肃和陕西西南部、四川、湖北等地。据说陕西省的宝鸡市这个地名就来自于这种鸟类。

○ 红腹锦鸡雄鸟头上具有金色羽冠

绿尾虹雉：偏安一隅的九色鸟

物种档案

名称： 绿尾虹雉

保护级别： 国家一级重点保护野生动物

分布区域： 中国四川、云南西北部、西藏东南部、甘肃东南部和青海南部一带

绿尾虹雉是另一种美丽的雉类，因其数量稀少而不为人所知。

但在古代，它可是一种有名的鸟，古书中所说的"鹥"很可能就是指它。

绿尾虹雉算是雉类中体型最大的，成年雄鸟体重可达 4 千克，体长可达 80 厘米。之所以称之为虹雉，是因其全身羽毛五彩斑斓如彩虹，故又名九色鸟。绿尾是其重要的鉴别特征，除此之外，其背部还有一大块雪白的羽毛，雌鸟也有，这是它区别于其他种类虹雉雌鸟的特征。

绿尾虹雉栖息于海拔 4000 米左右的高山地区，喜欢在陡崖、裸岩和灌丛茂盛的地方活动。引人注目的是，这种偏安高原的美丽鸟类有着众多的"外号"。它的喙强壮有力，取食后，往往会在地面留下"V"字形的小洞，喜欢取食植物的根、茎，尤其是贝母的地下茎，所以它被俗称为贝母鸡。它还有一个奇怪的外号——火炭鸡，因为当地居民曾见到过绿尾虹雉到燃烧过篝火的灰烬旁，从灰烬中取食木炭碎片，这可是一个值得研究的奇特行为。此外，它还是个大嗓门，觅食时常常发出很大的叫声，所以又被称为音鸡子。而九色鸟是它最美丽也最富神秘感的名字。

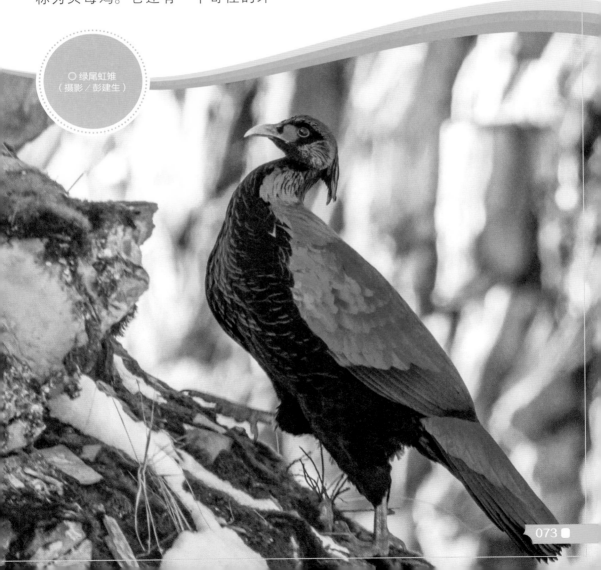

○绿尾虹雉
（摄影／彭建生）

黑长尾雉：最具霸气的鸟中"贵族"

物种档案

名称：黑长尾雉

保护级别：国家一级重点保护野生动物

分布区域：中国台湾地区中部及东部

说它是"贵族"，因其高贵的羽色。黑长尾雉全身羽毛纯黑色，随着光线照射角度不同，会呈现出紫蓝色金属光泽，再加上雉类特有的昂首阔步的姿态，仿佛"帝王"出巡，所以它有一个更为世人所知、响亮霸气的名字——帝雉。怪不得从前中国台湾地区的居民要把这种鸟的尾羽插在头上，原来这是身份地位的象征！黑长尾雉作为祖国宝岛台湾地区中国特有鸟种的代表，当之无愧。也正是因为黑长尾雉的稀有和珍贵，这种鸟过去常常是被狩猎的对象。现在，黑长尾雉已经得到了较好的保护，种群数量有所增长。

○ 黑长尾雉

○ 朱鹮（摄影/赵纳勋）

朱鹮：人为导致的"绝地重生"

物种档案

名称： 朱鹮

保护级别： 国家一级重点保护野生动物

分布区域： 中国陕西省汉中市洋县

如果是在 60 年前，我们不会注意到朱鹮，它也不是中国特有种，因为它的分布实在是太广泛。甚至在 20 世纪 30 年代，朱鹮还因为数量过多，危害农业生产而被日本人有组织地捕杀。历史上，朱鹮曾广泛分布于亚洲东部和东北部。然而，

从 1960 年开始，朱鹮数量急转直下，这是朱鹮命运的第一次转折。20 世纪 70 年代，中国和当时的苏联、日本曾花费大量精力寻找朱鹮未果，并一度认为它已经灭绝。1981 年，转机出现了，中国科学院动物研究所组织的考察队历经 3 年的大规模考察，终于在陕西洋县发现了 7 只野生朱鹮，这也是世界上仅存的一个朱鹮野生种群，现在世上所有的朱鹮都是它们的后代。"绝地重生"使朱鹮成为家喻户晓的鸟类，也使国家更加重视对它的保护。现在全世界朱鹮数量已恢复到 2000 多只，其中野生朱鹮 1000 只左右，还未脱离濒危的境地。

○ 朱鹮（摄影／赵纳勋）

四川林鸮：唯一仅生活在中国的猛禽

物种档案

名称： 四川林鸮

保护级别： 国家二级重点保护野生动物

分布区域： 中国青海东南部和四川北部、中部及西部以及甘肃省南部

若你查找中国鸟类特有种的名单，你会发现只有一种猛禽，那就是代表鸮形目的四川林鸮。林鸮，顾名思义，就是森林里生活的猫头鹰。四川林鸮以前一直被划分为长尾林鸮的一个亚种，即长尾林鸮四川亚种。但由于它与长尾林鸮其他亚种之间已经有了长期的地理隔离，因而现在已经被许多科学家认为是一个独立的种，并进一步荣升为中国特有鸟种，而且是中国唯一一种特有猛禽。四川林鸮的体型比长尾林鸮稍大，背部黑色而微具白纹，而长尾林鸮背部白色杂以暗褐色纵纹，这是区分两者的特征。四川林鸮是高山高寒地区的夜行性猛禽，但它绝不天天都是"夜猫子"，白天有时候也可以在林中空地或林缘地区见到它的踪影。

○ 四川林鸮

○ 黑嘴鸥（供图／黑嘴鸥保护协会）

黑嘴鸥：湿地中的"隐士"

撰文／安澜

　　每到冬季，成千上万的水鸟飞向温暖的南方越冬，这当中就有全球性的濒危鸟类黑嘴鸥的身影。这种有着醒目黑色头部和浅色身躯的鸟类，只出没在中国东部的沿海湿地。随着人类活动对鸟类栖息地的影响，总数仅有万余只的黑嘴鸥令人担忧。

被"中原"遗忘的珍禽

　　据说，中国唐朝末年的诗人李商隐，曾经饲养过一种被称为"黑头"的珍禽。这种鸟的头部和喙均为黑色，而且在眼睛后面生有一道醒目的白色弧线。在一些民间传说中，"黑头"是由一位曾与李商隐私定终身，但未能相守的女子死后幻化而成，当然，这只是一种梁山伯与祝英台式的美好祈愿。

今天我们知道，李商隐饲养的"黑头"，是一种名为黑嘴鸥的珍稀鸟类。在李商隐离开人世之后，黑嘴鸥仍然不时出现在中国人的图画和诗文里。

但到 19 世纪现代生物学传入中国时，这种鸟类却仿佛从它们曾经出没的"中原"地区消失了。不少

博物学家来到李商隐的故乡（今河南郑州附近）寻访黑嘴鸥，都无一例外地空手而归。

直到 1871 年，英国生物学家罗伯特·斯文霍（Robert Swinhoe）在厦门沿海看到了这种鸟类，为它赋予了拉丁文学名。但从那以后的一百多年里，黑嘴鸥仍然笼罩在神秘的色彩之中，没有人知道这种鸟类在哪里繁殖。

○ 黑嘴鸥是一种濒危物种
（供图／黑嘴鸥保护协会）

发现黑嘴鸥繁殖地

直到 1990 年初夏，鸟类学界方才确定黑嘴鸥的分布范围，它们只生活在东北亚很小的一些区域。辽宁盘锦的双台河口国家级自然保护区是世界上黑嘴鸥的最大繁殖地。当年，一场持续百余天的详细调查表明，当时在这片保护区里生活的成年黑嘴鸥有 1200 余只，繁殖出的雏鸥至少有 370 只，占当时世界黑嘴鸥总数的 70%。

但在这个"世纪谜团"几乎被揭开的同时，黑嘴鸥就已经面临巨大的生存压力。盘锦是因辽河油田的开发而形成的资源型城市，大约在世纪之交，由于辽河三角洲的开发等人类活动，生态系统受到巨大的扰动，黑嘴鸥曾经繁衍的湿地大幅萎缩。另外，除了捕鸟和掏鸟蛋等直接的猎杀活动，人类与黑嘴鸥在食物上也发生了意想不到的竞争。

○ 幼小的黑嘴鸥
（供图 / 黑嘴鸥保护协会）

人鸟"竞争"暗藏隐患

在沿海湿地，生活着一种看上去有些像蚯蚓的小动物，名叫沙蚕。它们食用湿地的微生物，以其庞大的数量，供养着多种湿地鸟类。

盘锦远郊遍布碱蓬的"红海滩"，曾经生活着大量的沙蚕。

黑嘴鸥正是看中了这份供应充足而且营养高的饵料，才选择在每年仲春时节，到这里筑巢并繁衍后代。可以说，如果把小鱼、小虾、螃蟹比作黑嘴鸥的"粗食"，那么营养丰富的沙蚕就是它们的"细粮"。

○ 黑嘴鸥在吃沙蚕（供图／黑嘴鸥保护协会）

但与此同时，沙蚕是重要的水产养殖饲料，加之日本会为满足钓鱼爱好者的需求，从中国大量进口沙蚕，人类与黑嘴鸥之间展开了激烈的竞争。

随着沙蚕数量锐减甚至几近绝迹，黑嘴鸥开始面临营养不良的危机，这使盘锦的非政府环保组织——黑嘴鸥保护协会只得用人工手段繁育沙蚕，并投放到沿海湿地，以高昂的成本为黑嘴鸥重建"食堂"。

○ 人类活动影响了黑嘴鸥的繁殖地（供图／黑嘴鸥保护协会）

然而，在盘锦一地重建"食堂"，显然并不是黑嘴鸥保护工作的终点。

人们已经能够清晰地意识到，黑嘴鸥作为一种候鸟，在一年年南来北往的旅途中，并不一定总是能得到安全的栖息地和充足的饵料。

毕竟，中国的沿海地带居住着全国大约 40% 的人口，人类拓展生存空间和产业开发等活动，很可能会压缩沿海湿地的范围，并且破坏那里既有的生态系统；中国民间食用野味的文化，也让禁绝捕猎野鸟的努力显得遥遥无期。总数仅有万余只的黑嘴鸥所要面对的困境，也正是许许多多湿地候鸟当下境遇的缩影。

○ 图片源自美国著名动物学家丹尼尔·吉罗·艾略特于1872年出版的《野鸡雉科图鉴》一书

家鸡：野鸟到家禽

撰文/彭旻晟

家鸡是世界上饲养范围最广、数量最多的家养动物，其数量约有200亿只。如果把家鸡平均分给地球上的74亿人，每个人差不多拥有3只鸡。

家鸡为我们的生活提供了重要的食物来源：鸡肉和鸡蛋。依赖鸡蛋生产的疫苗也是我们健康成长的保证。可以说，家鸡是人类驯化极成功的家养动物。然而，家鸡的驯化历史并不为人所知。许多生物学家和考古学家正在努力解开家鸡的身世之谜！

家鸡的祖先

家鸡的祖先是野生原鸡，主要栖息在亚洲南部的热带丛林里。原鸡分为四个物种：红原鸡、绿原鸡、灰原鸡和斯里兰卡原鸡。

动物分类学和遗传学研究表明：红原鸡是家鸡的最近祖先。

红原鸡主要生活在东南亚地区，它在喜马拉雅山脉南麓以及我国云南省、广西壮族自治区和海南省也有分布。红原鸡生性害羞敏感，十分警觉，稍有风吹草动便会窜入丛林，平日难得一见。

到了每年2～4月的繁殖季节，红原鸡会变得大胆许多，出现在丛林的边缘地带。有些红原鸡甚至会混入丛林附近村落的鸡群当中，与家鸡进行交配产生杂交后代。红原鸡中蕴含着许多未经研究的遗传变异，其中的一些可能用于未来家鸡的育种改良。随着森林缩减以及人类猎杀，红原鸡的数量在不断减少。我国已将红原鸡列为国家二级保护动物，以保护这一珍贵的生物资源。

家鸡的起源

大约在1万年前，人类从狩猎采集转向以农耕定居为主的生活方式，并开始驯化多种动物。

考古学可以追踪和还原人类当时的生活情景。

通过发掘和分析遗址，如果

发现有家鸡的遗骨，则说明生活在这一区域的古代先民已经开始驯化饲养家鸡了。通过对遗骨所属地层的特征分析或是进行放射性同位素碳 –14 测量可以推算遗骨的时间。

基于一系列的发掘工作，考古工作者可以勾画出古代先民饲养家鸡的区域范围和时间先后顺序。其中最早出现家鸡的区域就是驯化中心。

○ 野生原鸡的栖息地（亚洲南部的热带丛林）

○ 雉（雄性，也被称为"野鸡"）

知识链接：鸟类特有种的形成

除了考古学，是否还有别的方法来寻找家鸡的起源呢？我们知道，DNA是生物重要的遗传物质，代代相传。生物学家可以通过研究今天家鸡体内的DNA来探索家鸡祖先的历史。研究人员分析比较了世界各地家鸡的DNA序列变化，并与红原鸡的DNA序列进行了比较。

结果发现：家鸡的驯化中心主要位于东南亚和我国西南地区。家鸡在这一地区驯化后，经由商贸和移民等活动传播扩散到我国北方和南亚等其他地区。

我国北方是黄米（黍）和小米（粟）的故乡，是公认的农业起源中心之一。基于出土的遗骨，一些学者提出家鸡最早是在我国北方驯化的，时间距今 8000 ~11000 年前。然而，随后细致的检查却发现大多数遗骨属于野生的雉类而不是来自家鸡。对距今 8000 ~11000 年前古气候和古环境的重建也表明我国北方当时的环境并不适合红原鸡生活。

目前关于我国北方驯化家鸡最可靠的证据，是来自河南省安阳殷墟出土的鸡骨。同时出土的甲骨文也指出当时的人们能区分"鸡"和"雉"。这说明生活在距今约 3300 年的商朝先民已经开始饲养家鸡。在国外，位于今天巴基斯坦印度河河谷的哈拉帕（Harappa）遗址出土了鸡骨和含有鸡型图案的印章，时间距今 4000 ~4500 年前。

○ 雄性红原鸡：鸡脚内侧的鸡距尖锐锋利，随年龄增加而增长。（供图／中科院昆明动物研究所印度访问学者 Mukesh Thakur博士）

从野鸟到家禽

红原鸡是如何被人类驯化成家鸡是一个有趣的故事。

目前，一个主流的观点认为家鸡驯化遵循"共栖模式"（*commensal mode*）。一些红原鸡被人类丢弃的食物残渣或是遗落的谷物所吸引，频繁光顾人类的定居村落附近觅食。人类很可能被红原鸡色彩绚丽的外观吸引，也发现它们还能吃掉大量有害的虫子，于是

乐于接纳红原鸡并为它们提供庇护。

久而久之，部分红原鸡与人类的距离越来越近，逐渐被驯化成为家鸡，最终和人类共同生活。由此看来，人类驯化并饲养家鸡的最初目的并不是为了获取鸡肉和鸡蛋。早期驯化的家鸡可能是用于宗教祭祀和斗鸡娱乐等活动。

伴随着驯化和饲养，家鸡相比红原鸡在形态、生理和行为等方面产生了一系列的变化。这里举两个例子。红原鸡的幼雏具有黑色条纹，利于隐藏在林地草丛中不被捕食者

发现。这些具有保护作用的黑色条纹在许多家鸡的幼雏中已经消失。红原鸡具有敏锐的视觉，能快速发现天敌。家鸡的视觉则发生了退化，主要表现在家鸡的眼睛对光刺激的敏锐性显著变弱。

毫无疑问，这些变化是不利于家鸡在自然环境中生存的。一种类似"用进废退"的观点认为人类的庇护解除了自然界中捕食者天敌对家鸡的威胁。家鸡的自我保护能力在宽松舒适的生活环境中逐渐退化。另一种观点则认为这些变化是人类驯化选育的结果，从而使家鸡更易于管理。

目前，生物学家正在探讨这些变化是如何产生并遗传给后代的。一些基因改变起到了重要的作用。例如，一个名叫"VIT"的基因在视网膜中的表达下降变化造成了家鸡视觉退化。

○ 雌性红原鸡和幼雏：雌性红原鸡没有鸡冠；幼雏有明显的黑色条纹。
（供图 / 中科院昆明动物研究所印度访问学者Mukesh Thakur博士）

家鸡的返野

如果人类疏于管理，一些家鸡会趁机逃出鸡舍重返丛林。经过一段时间后，这些出逃的家鸡会重新变回"野鸡"。这个和驯化相反的过程被称为"返野"或是"野化"。返野的家鸡恢复了一些祖先红原鸡的能力，变得敏感机警、能飞擅跑。羽色外形也逐渐变得和红原鸡相近。这是否意味着驯化可以"逆转"呢？

最近，生物学家对夏威夷群岛上返野的家鸡进行了研究。结果发现，返野过程中发生改变的基因并不是之前驯化中变化的基因。也就是说，返野的家鸡是家鸡演化的另一种状态，而不是变回到其祖先红原鸡的状态。返野不是驯化的简单逆转。

家鸡的扩散与壮大

驯化后的家鸡伴随着人类的商贸、战争、移民活动开启了全球扩散的旅途。在大约距今 3500 年前，家鸡穿过西亚或印度洋到达了古埃及。差不多在同一时间，家鸡乘坐南岛语族（Austronesians）人群的木舟从东南亚驶向太平洋上的众多岛屿，最终到达美洲。

从炎热干燥的阿拉伯半岛到高寒缺氧的青藏高原，家鸡都能繁衍生息，表现出惊人的适应能力。各地的家鸡经过长期的饲养，形成了众多古老的地方鸡种。其中的大多数没有经过特别选育，比如在边远

○ 斗鸡（摄影 / 彭旻晟）

○ 元宝鸡鸡蛋

○ 元宝鸡
（摄影 / 彭旻晟）

乡村散养的"土鸡"。一些则经过了精心的选育，比如善于打斗的斗鸡和袖珍小巧的元宝鸡。

鸦片战争后，中国被迫向西方列强开放了一些通商口岸。一些著名的中国家鸡品种（例如狼山鸡、九斤黄鸡、丝羽乌骨鸡）先后被西方商船运往欧洲。工业革命使西方社会财富迅速增长，并从英国开始催生起一股养鸡热潮。大量来自中国和印度的家鸡品种被用于新型家鸡品种的杂交培育。在不到 50 年的时间里，西方的家鸡品种出现了爆炸式的增长，各种形态奇异的品种层出不穷。

之后，家鸡育种开始被大规模用于实际生产。进入 20 世纪，欧美国家先后培育出一系列的标准商品鸡品系。商品肉用鸡（*broiler*）和蛋用鸡（*layer*）品种表现出极高的产肉和产蛋性能。然而，高强度的选育也使得商品鸡遗传多样度大为降低，容易出现遗传缺陷和抗病力弱等问题。

结论 未来，引入新的遗传资源有望解决这些问题。许多育种工作者将目光转向野生红原鸡，并试图运用现代生物学技术重现古老先民驯化家鸡这一伟大的历程。

鸡年，
看名鸡竞羽

撰文／吴海峰　张劲硕

　　我们常说的野鸡、火鸡、珍珠鸡、鹌鹑及孔雀等鸟类，均隶属于鸡形目（Galliformes），此目包括 7 科 76 属超过 285 种鸟类，广泛分布于除南极洲外的各大洲及一些偏远岛屿。

　　现在我们就来认识这些鸡形目鸟类，它们有些是十分熟悉的老朋友，但也有我们不曾了解的一面，有些是来自遥远地方的新朋友，我们也来了解一下它们吧！

冢雉科

冢雉科（*Megapodiidae*）鸟类有 7 属 20 种，主要分布于澳大利亚、新几内亚、印度尼西亚。冢雉体型似鸡，体羽以黑色或褐色为主，头部多裸露无毛。

雌性冢雉会将卵产于沙土坑中，再用沙土将卵掩埋，然后利用太阳或附近活动的火山的热量，经由沙土的传递，为卵提供孵化所需的热

○ 盗顶珠鸡

量。经过 2~3 个月的孵化，雏鸟破壳之后便可以独自觅食、奔跑、飞翔，并躲避天敌了。冢雉科鸟类的孵化期如此之长，只有大而富含脂肪的卵，才能为胚胎提供在卵壳内发育所需的全部物质基础。但缺少亲鸟的保护，这些卵却又很容易被捕食者猎取。好在经过长期的自然演化，这种微妙的平衡，或许在没有人类干扰的情况下，将会一直持续。

○ 冢雉

○ 雌性冢雉

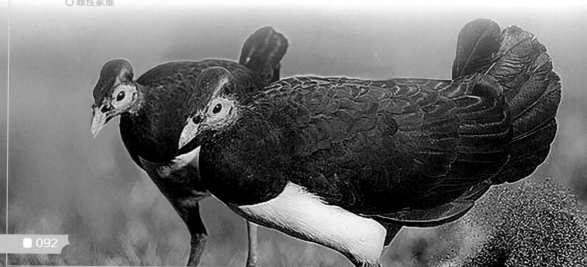

○红腹锦鸡

凤冠雉科

有这么一类"鸡"，因具有挺立的、由冠羽形成的羽冠，形似凤冠，被称作"凤冠雉"。这类鸟共有约 50 种，全部隶属于凤冠雉科（*Cracidae*），分布于中南美洲的热带地区。

○黑凤冠雉

其代表黑凤冠雉雌雄同型，即雌鸟与雄鸟外形相似，雌雄双方体羽均为黑色，仅肛周羽毛为白色，但雌鸟比雄鸟体型略小，而且雌雄

双亲均会承担照顾幼鸟的职责；黑凤冠雉有一半的时间是在树上活动，主要是取食果实，有时也会寻找树上或地上的昆虫、种子或嫩叶。

○黑凤冠雉

这种鸟随着雨林的消失、退化，以及当地人的猎杀，它们的种群数量呈下降趋势，因此被世界自然保护联盟受胁物种红色名录（*IUCN redlist*）列为易危级（*Vulnerable*）。但好在，人们已经开始意识到这一问题，并采取积极措施保护这些美丽而特别的鸟，以及它们赖以生存的栖息地。

○ 日本鹌鹑

雉科

雉科（*Phasianidae*）共有 38 属 159 种，为鸡形目鸟中数量最多的一科，广泛分布于旧大陆，分为雉和鹑两大类：雉类体型较大，主要分布于亚洲东南部地区，尤其是中国，多数雉类雌雄差异很大，雄性常有华丽的羽毛，例如家鸡的祖先红原鸡、最常见的"野鸡"环 颈 雉（*Phasianus colchicus*）以及中国的特有种黄腹角雉（*Tragopan temminckii*）和白冠长尾雉（*Syrmaticus reevesii*）等；而鹑类则体型较小，羽色多较暗淡，通常雌雄相差不大。我们最为熟悉一种鹑，非日本鹌鹑（*Coturnix japonica*）莫属。日本鹌鹑广泛分布于亚洲，只不过模式标本产于日本罢了。

日本鹌鹑曾被认为是另外一个物种——鹌鹑（*C. coturnix*）的一个亚种，但二者在诸多方面均存在差异，尤其是日本鹌鹑分布于亚洲东部地区，而鹌鹑分布于亚洲西部地区，以及欧洲和非洲。这两个"亚种"终于在 1983 年被划分为两个独立物种。

松鸡科

柳雷鸟（*Lagopus lagopus*），隶属于松鸡科（*Tetraonidae*），广泛分布于欧亚大陆北部及北美洲北部，在我国的黑龙江及新疆北部地区也有分布。柳雷鸟生活在森林、灌丛或多石的草原上，这些地方大多鲜有人类活动的干扰，生境较为原始。

○ 柳雷鸟

经过长期的演化，柳雷鸟早已适应了北寒带冰天雪地的冬季。冬天，它们会换上一身与冰雪完全一致的洁白的羽毛，一旦发现天敌，它们就静卧在雪地上一动不动，与背景融为一团，达到"隐身"的效果，从而躲避天敌的目光。等到危险过去，它们就又会站在柳树的枝条上，在和煦的阳光下，取食柳树的冬芽了，这也正是柳雷鸟名字的由来。

○ 白冠长尾雉雄鸟

关爱，它们正临濒危窘境

就世界范围来讲，还有更多不为人知的雉类，但它们当中的一些种，却正处于濒临绝种的窘境。

白冠长尾雉（*Syrmaticus reevesii*）现仅仅主要分布于中国境内的河南至安徽，以及重庆、四川、贵州这两个不连续的区域。曾经人们大肆捕捉吃肉、采卵为食，特别是其雄鸟长长的中央尾羽，因被用于京剧演员的头部装饰而被捕杀，现已被列为易危级（VU）。红嘴凤冠雉（*C.blumenbachii*），仅分布于巴西东部一隅，因栖息地的大面积丧失及大规模的猎杀，已被列为濒危级（EN）；蓝嘴凤冠雉（*C.alberti*）也正在面对类似问题。据估计，其野外成体数量仅有 150~700 只，因此被列为极危级（CR）；而新西兰鹌鹑（*C.novaezelandiae*）曾仅分布于新西兰的北岛、南岛及附近一些岛屿之上。但当第一批欧洲殖民者到达新西兰时，它们享受着用猎枪瞄准这种鹌鹑的快乐，随殖民者而来的猫、狗、鼠等动物，也对这种鹌鹑自身、卵及栖息地构成了直接或间接的威胁与伤害。新西兰鹌鹑终于 1875 年灭绝。

虽然大多数雉类的处境不像新西兰鹌鹑那样悲惨，但它们的境地也不容乐观。如果人们不及时采取行动，恐怕很多物种都会在被我们真正认识了解之前，就已永远从地球上消失。虽然这些野生鸟类或许离我们十分遥远，但我们的一些小举动，或许就能够对保护它们做贡献：不食用野味，包括野生鸟卵；不购买野鸟羽毛制品；不购买濒危动物分布区（尤其是非洲及南美洲）、没有可持续发展认证的商品（例如咖啡）。

只有我们每个人都对濒危动物及其赖以生存的栖息地保护做出一点贡献，我们才能真正的共享自然，在野外见到它们的美丽。

延伸阅读：中国研究雉类的科学家

中国仅有的两位鸟类学院士的工作及人生也都于与我国的雉类有着密切的联系:中国鸟类学奠基人、中国科学院院士郑作新先生，据说正是在美国密歇根大学攻读生理学博士学位期间，见到了原产于中国的红腹锦鸡标本正在被外国人研究，而没有中国人研究，因此毅然决然的"改行"研究鸟类；北京师范大学教授、中国科学院院士郑光美先生的研究对象主要为我国特产的雉类，而且还培养了一大批优秀的、研究中国雉类的鸟类学专业人士。两位院士的经历足以体现雉类的"美"。

红腹锦鸡

云南：跟鸟儿约个会

撰文／关翔宇

观鸟装备

俗话说工欲善其事必先利其器，观鸟都需要哪些装备呢?

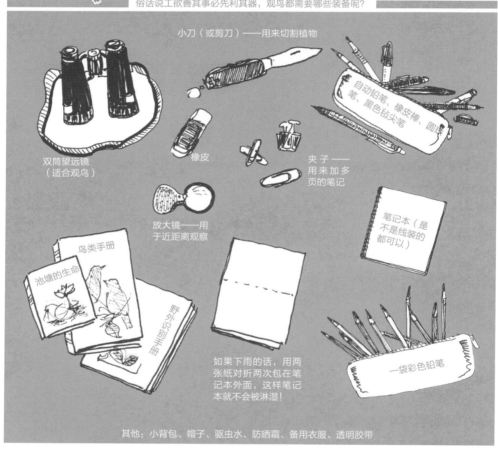

小刀（或剪刀）——用来切割植物

自动铅笔、橡皮擦、圆珠笔、黑色毡尖笔

双筒望远镜（适合观鸟）

橡皮

夹子——用来加多页的笔记

放大镜——用于近距离观察

笔记本（是不是线装的都可以）

鸟类手册

池塘的生命

野外识别手册

如果下雨的话，用两张纸对折两次包在笔记本外面，这样笔记本就不会被淋湿！

一袋彩色铅笔

其他：小背包、帽子、驱虫水、防晒霜、备用衣服、透明胶带

　　双筒望远镜轻便灵活，是观鸟的必备物品；单筒望远镜倍数更高，观察距离更远，适合观察距离较远，行动较慢的鸟类，是观察水鸟的利器。但单筒望远镜需要配合三脚架使用，不方便携带。建议：刚开始观鸟，建议购买一只500元左右的望远镜，具体情况还是依据个人的经济实力而定。

怎么找鸟

鸟况不是一成不变的，鸟会随着雌雄、成幼、年龄等不同因素变化。鸟的分布多为动态，一方面体现在时间上，另一方面体现在空间上，不同的鸟会分布在不同的生态位上。掌握了鸟在时间和空间上的分布规律，就能更容易地找到鸟。

○ 紫颊直嘴太阳鸟

TIPS: 观鸟注意事项

1. 尽量穿与环境色彩相近的服装，避免过于艳丽。

2. 观鸟时，要随时注意身边的情况，注意蛇、虫以及其他容易伤人的野生动物。

3. 鸟等野生动物通常都很怕人，太大的声音或动作会让它们心生警戒。在观鸟过程中，多看、多听、轻声交流，充分利用望远镜，逐步提高观察能力。

4. 在鸟类繁殖季节，更要注意自身行为，不过近观察鸟巢以及鸟类繁殖，更不能为了拍摄照片而人为干扰鸟的繁殖（如去除鸟巢遮挡物、移动雏鸟等）。在育雏的季节，亲鸟大多会变得非常敏感，只要感觉有危险，或是巢附近的情况有了变化，它们就有可能弃巢而去。特别是在鸟巢附近拍照，操作不当有可能导致雏鸟的死亡。所以若不熟悉野鸟的习性，请不要靠近它们的巢。此外，刚离巢的雏鸟经常会被误认为是迷路或从巢里掉下来，大多数时候亲鸟就在附近，请不要把它们拾起来带走。

5. 请把垃圾带回家。塑料制品有可能会导致鸟类的死亡。此外，吃剩的食物会导致杂食性动物增加，从而引发大自然的失衡。

○ 孔雀

○ 云南西双版纳热带雨林，这里有丰富的生态系统，孕育了生物多样性

云南观鸟攻略

云南动物种类数量居全国之首。鸟类达 800 余种，约占全国总种数的 58%，其中不乏金雕、白肩雕、白尾梢虹雉、灰孔雀雉等国家一类保护动物。云南地区鸟类资源丰富，加上冬季舒适的气候条件，是理想的观鸟地点。其中滇西南地区是云南鸟种最丰富的地区之一。本文就以滇西南地区的瑞丽、那邦为例，简单介绍如何在两地观鸟。

瑞丽植物园

建议观鸟时间：一天

鸟点可以分成四个部分：

大门口附近可看到棕雨燕、小白腰雨燕、赤红山椒鸟、纹背捕蛛鸟、灰树鹊、黑喉红臀鹎、蓝翅希鹛等滇西南较常见鸟种。

在雨林附近林冠层中可以找到钩嘴林鵙、大鹃鵙、蓝须夜蜂虎、朱鹂等鸟种，灌木处可以看到大仙鹟、棕腹大仙鹟、金眶鹟莺、蓝喉太阳鸟等鸟种，地面处有可能会看到棕头幽鹛、栗头地莺，水边可以看到几种燕尾。

山顶附近有可能会看到鹦鹉、红头咬鹃、大金背啄木鸟等鸟种。

周边的林子里，绒额鳾、丽臀鳾、黄颊山雀、黄腹扇尾鹟都不难看到。找到开阔处，凤头鹰、凤头蜂鹰、蛇雕、林雕等猛禽都有机会看到。

○ 蓝喉太阳鸟

○ 长尾阔嘴鸟

瑞丽莫里雨林景区

建议观鸟时间：一天

建议早上进入沟谷雨林，沿着小溪观鸟。

雨林附近的代表鸟种为大长嘴地鸫、紫啸鸫、短尾鹪鹛、灰腹地莺、紫宽嘴鸫、绿宽嘴鸫、五种燕尾等。除了沟谷雨林里可以看鸟，还有一条上山的路，这里可以看到绿嘴地鹃、银胸丝冠鸟、竹啄木鸟、红头鸦雀等鸟种，也是个不错的观鸟地点。由于此处视野开阔，有较高的概率看到蛇雕、鹰雕、林雕等猛禽。下午可以从停车场往景区门口放心走，一路上可能会看到银耳相思鸟、棕头钩嘴鹛、红头咬鹃、锈额斑翅鹛、黄腹冠鹎、白头鵙鹛、长尾阔嘴鸟、银胸丝冠鸟等。

瑞丽南京里

建议观鸟时间：一天

沿着公路往前走，可见朱鹂、黄颊山雀、方尾鹟、灰树鹊、褐胁雀鹛、金头穗鹛、红翅薮鹛、黑头穗鹛、纵纹绿鹎、凤头雀嘴鹎等代表鸟种。大约走 20 分钟可以到一处旧教堂，教堂附近有一条小路，可以一直走到村里，这条小路的鸟况通常很好，明星鸟种有：白鹇、山皇鸠、大金背啄木鸟、白眉棕啄木鸟、竹啄木鸟、蓝绿鹊、黑眉鸦雀、褐耳鹰、褐冠鹃隼、领鸺鹠等。

○ 大金背啄木鸟

○ 白鹇

那邦

铜壁关

建议观鸟时间：一天

铜壁关通常是那邦鸟种最丰富的地点。早上观察路两边，可以看到觅食的绿翅金鸠。往那邦镇方向走，早上有时可以看到棕胸竹鸡在公路边觅食，运气好的话还有可能看到灰孔雀雉。公路边的大树上时有啄木鸟现身，大黄冠啄木鸟、黄嘴栗啄木鸟、大金背啄木鸟等都有一些记录。此处也有过犀鸟的记录，只不过看到的概率不太高。树顶或者天空，褐冠鹃隼、林雕、蛇雕、凤头鹰等猛禽被看到的概率都不小。猛隼也有可能从林中穿过。大盘尾、小盘尾、朱鹂、几种山椒鸟、燕尾都有不少记录。

○ 绿翅金鸠

○ 绿喉蜂虎

榕树王

建议观鸟时间：半天

榕树王总体来讲鸟况一般，建议早上过来观鸟。进园不久就可以看到一棵高大的榕树，附近还有一处废弃的建筑，这两个地点鸟况不错：山皇鸠、棕头钩嘴鹛、蓝须夜蜂虎、大仙鹟、楔尾绿鸠不难看到；

黑顶蟆口鸱、犀鸟、鹦鹉等都有机会看到。走到山顶需要一些时间，上山路上的代表鸟种有：白喉姬鹟、栗啄木鸟、白冠噪鹛、犀鸟、鹦鹉等。山顶的环境比较开阔，有农田、小型水塘等生境，鸟种并不是很多，代表鸟种有：绿喉蜂虎、白颊噪鹛、斑文鸟、灰林即鸟。

○ 绿灰头鹦鹉

昔马古道

建议观鸟时间：一天或半天

昔马古道是离缅甸最近的鸟点之一。昔马古道这个"昔"字在众多鸟友的眼里，早已经变成了"犀"。在这里能看到双角犀鸟、花冠皱盔犀鸟、冠斑犀鸟这三种犀鸟，笔者认为此处应该算是中国观看犀鸟最好的地点之一。如果只想观看犀鸟，建议早上去，到达后不用往山上爬，在此处找一个视野开阔的地点，静静地等待犀鸟飞过就好。如果上山的话，路上有机会看到白眉棕啄木鸟、中华鹧鸪、长尾阔嘴鸟、灰头鹦鹉、褐冠鹃隼等。

那邦田

建议观鸟时间：半天

此处虽然是农田，但却是那邦的重要鸟点之一。明星鸟种有：肉垂麦鸡、距翅麦鸡、线尾燕、栗颈噪鹛、绿喉蜂虎、沼泽大尾莺等。距翅麦鸡喜欢站在中缅界河中的石头上，肉垂麦鸡一般栖于在农田附近。线尾燕需要在众多的家燕中仔细寻找，如果熟悉它的特征，并不难看到。栗颈噪鹛也喜欢在农田附近活动，但看到的概率不高。绿喉蜂虎经常出现在农田附近的电线上或者树枝上，数量不少，比较容易看到。那邦田里的椋鸟也是一大特色，林八哥、斑椋鸟，鹩哥、家八哥、红嘴椋鸟都有过记录。

○ 肉垂麦鸡

冬季，窥探湿地"鸟"之乐

撰文／朱敬恩

　　2 月 2 日，世界湿地日，在万物都失去色彩的冬季，湿地依然保持着自己的活力，到鄱阳湖湿地观鸟吧！

鄱阳湖冬候鸟来自哪儿

　　它们来自遥远的西伯利亚。湖岸边的青草及其地下茎块、水中的水草、浮游生物、小鱼小虾，还有湖底的螺蟹等，吸引着总数超过 50 万只的候鸟聚集至此，待到来年的清明节前后。

最佳观鸟点在哪

　　冬季，鄱阳湖地区有两个最佳观鸟地点：一是南矶山自然保护区；二是吴城自然保护区。

大雁君

○ 豆雁

嘴上有橘红色斑点的是短嘴豆雁；橘色斑点，个体却大得多，额头扁平的是豆雁。它俩原本都叫作豆雁，可后来科学家发现它们有太多不同点，就让它俩"另立门户"了。

长着粉红色大嘴的，叫灰雁。

"可这只嘴也是粉红色的，为什么叫'白额雁'？"

"因为它不仅嘴是粉红色，额头还刷着'白漆'啊！"

"好吧，那一只也额头顶着块白漆，为什么叫'小白额雁'？"

"你仔细看，它眼睛四周可有一个'金眼圈'哦，额头的白色面积也大很多不是？和刚看到的白额雁还是很不同的。"

○ 灰雁

○ 鄱阳湖的冬候鸟

还有那个大家伙，黑黝黝的嘴巴虽没有前几种好看，但它脖子很特别哎，后半部深褐色，前半部浅驼绒色，可谓"泾渭分明"，我们能一眼认出空中的鸿雁和别的大雁不一样。

这正是"鸿雁传书"的鸿雁！

古人将对亲人的思念寄托在它身上，希望能给远方的故人送去平安的消息，看来是选对了。

〇 鸿雁

○ 雪雁

　　种类稀少的雪雁与红胸黑雁，在鄱阳湖冬季有过数次记录。

　　它们一个洁白无瑕，一个好像京剧的大花脸，雪雁生活在北美洲，红胸黑雁在欧亚交界的北极冻原和欧洲东南部之间迁徙，来鄱阳湖越冬的个体大约是在迁徙过程中迷路后，混进了常见大雁的雁群，一起飞临鄱阳湖的。

　　中国有句古话："来的都是客"，鄱阳湖湿地当然也会好好款待它们。

　　除了大雁，鄱阳湖地区观鸟最引人瞩目的当数鹤类。

○ 豆雁

○ 白鹤

仙鹤君

　　灰鹤是鄱阳湖冬季常见的四种鹤里数量最多、个头最小的，因为一身灰衣近黑色，古人称之为"玄鹤"。汉朝司马迁的《史记·乐书》中记载："师旷援琴时，有玄鹤二八，集乎廊门。"可见那时的灰鹤还是很常见的。我最喜欢灰鹤收拢翅膀后呈现出的"墨点"，分明是一幅"雨打墨竹"自然天成的国画。

　　与灰鹤相对应的白鹤，则浑身缟素，在冬日鄱阳湖的暖阳下格外醒目，即便是薄雾迷离中，它也是你能第一时间发现的目标鸟种。尽

○ 灰鹤拥有一身灰衣

管全世界 90% 以上的白鹤都在鄱阳湖地区越冬，但这种世界上数量最稀少的鹤类总共也不过 3000 只左右，分布在方圆 4000 多平方千米的鄱阳湖流域，能够遇见其实也相当幸运了。

　　幸好只要栖息地觅食条件完好，鹤类并不爱到处乱飞，在通往鄱阳

湖南矶山自然保护区的路上，不出意外，我们有幸遇到了它们，而且通常是一家三口。雄性成年的白鹤比雌性个体稍大，外表看不出什么区别，幼鸟则是淡淡的咖啡黄色。唐朝诗人崔颢在《黄鹤楼》里写道："黄鹤一去不复返，白云千载空悠悠。"世界上并没有"黄鹤"，诗人所描述的，可能正是一只年幼的白鹤。

初学观鸟的人，很容易将白枕鹤与白头鹤混淆，其实古人对它俩早有细致的观察，如三国时吴陆玑的《毛诗陆疏广要》中就描述白枕鹤："苍色者，人谓之赤颊。"苍色，近乎灰蓝色；赤颊，就是红色的脸颊。白枕鹤是非常机警的鹤类，据我们的观察经验，它通常与人类的安全距离都保持在 300 米以外。

西方称白枕鹤"修女鹤"，因它看上去像带白头巾露出脸颊的修女。白头鹤则整个脖子和脸都是白的，红色部分是头顶而非脸颊。观鸟爱好者曾戏称，若哪两位鸟友结婚，吉祥物必得是白头鹤，这才是"白头偕老"的完美代言啊！

○白枕鹤

白色家族

　　鄱阳湖地区观鸟不能错过的，还有同属"白色家族"的东方白鹳和白琵鹭。

　　东方白鹳通体白色，但当它那硕大黑色飞羽收拢在身后，看上去则像长了一条黑"尾巴"。它有鹤类比不了的大嘴，吃的也比鹤类略"荤"，当它不停地将又大又厚实的嘴反复插向水里时，那些鱼虾就要准备四散逃命了。

　　东方白鹳曾因栖息地受破坏而命运坎坷，如今作为国家一级保护

○ 东方白鹳

　　动物得到了社会的广泛关注，种群数量正在逐年缓慢恢复，在鄱阳湖地区想见到它们也不再是难事了。

○ 白琵鹭

白琵鹭的嘴不比东方白鹳小，但形状却完全不同，末端膨大的嘴看上去像一个琵琶。觅食时它也不像东方白鹳是将嘴不停地插入水里，而是将嘴埋在水里，然后边前行边左右摇头晃脑，依靠大嘴末端的触觉系统来擒获美食。白琵鹭并非素食爱好者，吃素是偶尔为之，虾、蟹、水生昆虫、甲壳类、软体动物、小鱼、甚至蛙等小型脊椎动物和无脊椎动物才是它的大爱。

冬季的鄱阳湖精彩纷呈，除了文中的鸟类，它还有野鸭、鸻、鹬、猛禽和小型鸣禽，旷野之上总能发现精彩。

对了，大家观鸟时也要爱护湿地的生态环境，不要大声喧哗，更不可高声惊吓正在休息的鸟群，要让这些鸟儿们能在鄱阳湖地区平平安安、稳稳当当地过好每一个冬天。

小贴士

欣赏水鸟，需要有配备三脚架的单筒望远镜（倍数在20倍以上的较合适）。摄影则需使用300毫米以上的长焦镜头为宜。另外，湖区冬季风大，保暖切不可少，帽子是必备的。

○ 鹤庆西草海湿地风貌（摄影/晚稻）

冬季，
来西草海飞羽寻踪

撰文／陈晓霜

鹤庆西草海湿地位于云南省大理州鹤庆县草海镇，属高原淡水湖泊。这里物种多样，水草丰满，旧时每逢秋季，周围的村民都会撑船到湿地中捞水草，因此得名草海。

美丽的高原"生物基因库"

2001 年，草海湿地被列为大理州州级自然保护区，主要保护对象为越冬水禽及湿地生态系统。这里迁栖着黑鹳、灰鹤、黑翅鸢等国家级保护鸟类和成千上万的赤麻鸭、绿头鸭、普通鸬鹚、骨顶鸡等越冬水禽，生长着睡莲、海菜花等国家级保护植物。西草海湿地为保持生物多样性发挥着"生物基因库"的重要作用。

截止 2016 年 12 月 12 日，鹤庆西草海湿地有记录的鸟类多达 175 种，其中凤头鸊鷉、灰雁等游禽 32 种，亚洲钳嘴鹳、白鹭等涉禽 41 种，黑翅鸢、凤头蜂鹰等猛禽 17 种，鹰鹃、大杜鹃等攀禽 11 种，黄鹂鹟、黄臀鹎等鸣禽 71 种，山斑鸠等陆禽 3 种。有国家一、二级保护鸟类 22 种，一级有黑鹳，二级有灰鹤、大䴓、白腹鹞等（数据来源于鹤庆西草海自然保护中心官方微信）。

西草海湿地位于中国西部横断山脉的鸟类迁飞通道上，同时是鸟类重要的越冬栖息地，每年有 8000 ～ 10000 只候鸟到此越冬。

水鸟物种多样性高，种群数量大，密度高，波动变化相对较小，西草海俨然成为国内少见的冬季观鸟胜地。

○ 鸟儿的乐园（摄影 / 峰鸟）

○ 鹤庆西草海湿地的群鸟（摄影 / 峰鸟）

骨顶鸡

西草海势力最庞大的集体是骨顶鸡，特别是在冬季，放眼望去，骨顶鸡像一粒粒黑珍珠，密密麻麻地铺满了西草海的水面。

骨顶鸡，又被称为白骨顶，因为它们全身羽毛均为黑色，仅有嘴和头上的额甲为醒目的白色。骨顶鸡常喜欢大群地在西草海平静的水面上游弋，并不时地晃动着身子和不住地点头，寻找着水中的植物嫩叶、幼芽或是小鱼、小虾等食物。

每年5~7月，骨顶鸡会在西草海繁殖，它们在水边的芦苇丛或茭草丛中筑巢，草丛中常传出它们"咔咔咔"的叫声。雌雄亲鸟会轮流孵卵，24天后，小骨顶鸡就会破壳而出，出壳后当天即能游泳。

赤麻鸭

赤麻鸭羽色金黄，看起来像刷了油的金灿灿的烤鸭一样，因而成为了西草海辨识度最高的的野鸭之一，当地人都亲切地称它"大黄鸭"。

但如果你仔细观察，会发现赤麻鸭并非只有金黄的外表，它的喙、脚和尾羽都是黑色的，两翼黑白相间，黑色里透着褐色，飞行时可以明显观察到赤麻鸭白色的翅上覆羽和翅膀后部发着铜绿色金属光泽的翼镜。

○ 骨顶鸡的亚成体（摄影／李纯）

○ 赤麻鸭（摄影 / 蜂鸟）

　　10 月开始，赤麻鸭呈家族群或更大的群体迁到西草海越冬，从天空中飞过常发出"嘎嘎"的叫声，在西草海养精蓄锐，度过温暖的冬季后，次年 3 月，又陆陆续续迁飞回到繁殖地。

绿翅鸭

　　绿翅鸭在鸭科中属于迷你型鸭子，体长 36 厘米左右，尽管身材娇小，飞行速度却不容小觑，常常作为冬候鸟的先锋队抵达西草海。

　　绿翅鸭飞行时两翅急速鼓动，敏捷而有力，翅膀后部闪着金属光泽的亮绿色翼镜清晰可见。雄鸟头部呈栗色，具有明显的绿色贯眼纹，肩羽上有一道长长的白色条纹，在尾下羽处还能清楚观察到其皮黄色的三角斑块。

○ 灰雁（摄影 / 蜂鸟）

灰雁

冬季的西草海，还有一个庞大的群体，在当地被叫作"大雁"，即灰雁。

每年秋天，灰雁都携家带口飞越大半个中国从寒冷的青海、内蒙古、新疆等地来到气候温暖的西草海越冬。在天空中呈一字或人字的队形飞行，一边飞一边发出清脆、洪亮的叫声。

灰雁雌雄相似，全身灰褐色，粉红的嘴和脚是它们最鲜明的特点。灰雁是杂食性动物，在水中觅食时不停地翘起雪白的"屁股"。同时灰雁也是警惕性很高的鸟类，常常成群活动，特别是在一起觅食和休息的时候，常有一只或数只灰雁担当警卫，守护着群体里的每一位成员，一旦发现敌人临近，便提醒大家赶紧离开。在灰雁的种群中，实行一夫一妻制，雌雄共同参与雏鸟的养育，对家庭非常忠心与负责。

紫水鸡

说起西草海，最让人印象深刻的要属拥有梦幻羽色的紫水鸡了。

紫水鸡是西草海的明星鸟种，它虽然在世界范围内广泛分布，但在国内仅罕见于云南和广西等地。据不完全统计，西草海的紫水鸡种群数量为 300 ~ 500 只，是我国已知较大的紫水鸡种群。

虽然名字中只提到紫色，其实

紫水鸡的羽毛颜色从绿到蓝到紫到深紫层层递进变化多样，在阳光下呈现出梦幻般的色彩。

紫水鸡体态丰满，红色的嘴、额甲和脚格外醒目，它不像其他鸟类那么善于飞翔，飞行时两翅缓慢地扇动，长长的脚悬垂着，飞不太远就得马上找块地方着陆。它们也不像其他鸟类那么喜欢游水嬉戏，总爱在漂浮的水草上、半枯的芦苇

○ 紫水鸡有
梦幻的羽色

○ 普通鸬鹚（摄影/蜂鸟）

地和稻田里休息觅食，吃水生植物的嫩枝叶，偶尔也吃昆虫、软体动物以及腐肉等。

　　紫水鸡的繁殖期为 4 ~ 7 月，它们会营巢在人难以到达的芦苇和水草丛中，十分隐蔽，这段时间很难在西草海发现它们。直到 9 月份，

紫水鸡才带着儿女们大胆地出现在人们身边。小紫水鸡体色比成鸟晦暗很多，面部、前颈和胸都呈灰色，十分丑陋。还好不需要经过太长时间，小紫水鸡就会脱下晦暗的外衣，穿上鲜艳的新装，成功上演一出"丑小鸭变白天鹅"。

○ 紫水鸡也能飞翔

结论 捕鱼高手普通鸬鹚、水上舞者凤头䴙䴘、长脖老等苍鹭、潜水健将白眼潜鸭、优雅绅士针尾鸭……冬季来西草海，还能让你发现更多惊喜。它们飞越高山，穿越林海，与白云共舞，与浪花齐飞，不怕千辛万苦，来到西草海，只因与你有个约会。

摇摆的绅士

撰文／赵佳

有这么一群伟大的生物，它们生活在南半球的广阔空间里，从南极洲一直到赤道附近的加拉帕戈斯群岛，都能看到它们摇摆的身影；为了在各种各样的栖息地生存，它们具备了适应各种不同气候条件的特征——这就是企鹅。在南美洲，企鹅需要忍受炎热的气候；在南极地区，它们则要忍受冰天雪地的寒冷。

黑色燕尾服与白色衬衫

从海面看水中游动的企鹅，它是深色的，不会在昏暗的海水中显得突出。从水下往上看，企鹅的身体是白色的，不会与明亮的水面产生太大的反差。这样，企鹅在天敌和猎物面前，都不会特别显眼。

○帝企鹅　　　　○王企鹅　　　　○巴布亚企鹅　　　　○阿德利企鹅

游泳健将的潜水服

　　企鹅的身体上覆盖着短而坚硬的羽毛，羽毛尖端就像瓦片一样相互重叠着，所有的羽枝相互咬合在一起，连接得非常紧密。它们还会从尾巴根部的油腺获取身体中的油脂，然后用喙将这些油脂均匀地涂

在羽毛上，使得羽毛既不吸水，也不容易变干，使自己的羽毛成为防水的羽衣，我们可以管它叫企鹅的"潜水服"。除了羽毛，企鹅的皮肤上还具有一层云状的绒毛，可以保持靠近身体的热空气的热量，就像是一件贴身的"小棉袄"。

胖墩也能游得快

　　企鹅的体重非常重，因此在水中可以顺利地下潜。它们的纺锤形身体非常完美，在水中受到的阻力非常小。小蓝企鹅经常会下潜到 30 米深的地方，而体形巨大的帝企鹅，甚至可以下潜到 500 米的深水中。在这里，它们可以尽情地捕鱼，可以在水下饱餐一顿之后再回到水面。

○麦哲伦企鹅　　　　　○黄眼企鹅　　　　　○北跳岩企鹅　　　　　○小蓝企鹅

不一般的捕鱼利器

　　鱼的身体非常光滑，为了不让鱼逃走，大多数企鹅都长了一个钩状的喙。喙的前端看起来像一把锋利的钳子。上喙的钩子对着下喙的凹槽，这样就可以把猎物固定住。企鹅会从下面攻击鱼鳃后的位置，因为这里是鱼的心脏所在位置。抓住之后，企鹅会连鱼头一起吞下去。在这个过程中，企鹅的舌头和上颚上尖尖的突起有着很重要的作用，它们会让食物朝胃的方向运送。

小翅膀，大作用

　　企鹅虽然是"鸟"，也长着翅膀，但它们是始终无法飞上高空的。对于飞翔来说，它的翅膀太短了，而它们的身体又是如此笨重，据计算，它们需要达到每小时 400 千米的速度才能升空，可是它们的小短腿却怎么也跑不了这么快。它的翅膀，其实是为了让它们在水中 "飞行"的。 它们的翅膀短而细， 上面长着很有弹性的羽毛，且可以利用这样的翅膀快速划水前进，就好像船桨一样。

炯炯有神的小眼睛

　　人类在潜水的时候，都会戴上潜水镜。那么，企鹅是如何在水下进行观察的呢？企鹅的眼角膜并不像人类的眼角膜弯曲得那么厉害，因此，对于企鹅来说，在水中和空气中看东西没有太大差别。 企鹅掩

度保持在 1~2℃，这样就最大限度地减少了热量流失，同时也防止脚被冻伤。

藏在瞳孔后面的晶状体，能够发生非常明显的变形，比人类晶状体的适应能力要强得多，因此，企鹅在水中也能够看到清晰的图像。为了能够准确抓到猎物，企鹅必须准确地判断自己与猎物之间的距离。企鹅两只眼睛的视野会在喙上方的一个狭窄的区域里交会重合，并在那里形成一种类似于望远镜瞄准器的视觉效果。因此，在企鹅视线范围内的猎物，就会被企鹅看到并准确地定位。

不怕冻的小脚丫

为了适应南极寒冷的生活环境，企鹅的皮肤下有能抵御严寒的厚厚的脂肪保护层。企鹅通过改变向双脚提供血液的动脉血管的直径来调节血液的流量：寒冷时减少脚部的血液流量，温暖时增加血液流量。此外，企鹅双脚的上层还有一种特殊的"热交换系统"，防止脚部被冻伤。在冬季，企鹅脚部的温

企鹅能游多快呢

企鹅的游泳速度快得惊人。帝企鹅的游泳速度约为2.3米/秒，爆发速度可达 5.5米/秒，普通人的跑步速度为7米/秒，游泳速度约为0.3米/秒。

结论 企鹅的种类很多，我们通常会将它们笼统地称为"企鹅"。还记得动画片《白熊咖啡厅》中的 Pygoscelis（阿德利企鹅属）一族吗？3 只同为阿德利企鹅属的企鹅：南极的恋人阿德利企鹅、深沉又朴素的帽带企鹅以及时髦个性的美人巴布亚企鹅，在咖啡厅中讨论企鹅卡片的营销策略。企鹅的种类太多，好像除了企鹅本尊之外，大家都傻傻地分不清。相信它们的卡片销路一定不太好。那么企鹅到底有多少种呢？我们来数一数吧！

王企鹅属

成员

帝企鹅和王企鹅。

名字由来

它们身躯高大，长有艳丽的颈部花纹，容貌、气质美不胜收。

生长环境

虽然是近亲，但帝企鹅与王企鹅的栖息地却相差甚远。帝企鹅在南极冰盖上繁育后代，王企鹅却在气候较为温和的亚南极岛屿上生活。

○ 王企鹅和帝企鹅

黄眼企鹅属

成员

黄眼企鹅。

名字由来

黄眼企鹅与冠企鹅有亲戚关系，但是黄眼企鹅以其黄色的眼部羽毛独树一帜，自立门户，被称为"黄眼企鹅"。

生长环境

它们大多生活在新西兰附近的岛屿上。

○ 黄眼企鹅

阿德利企鹅属

成员

阿德利企鹅、帽带企鹅和巴布亚企鹅。

名字由来

它们从同一祖先进化而来，走起路来摇摇摆摆，尾巴像刷子一样刷来刷去，因此也被称为"刷尾企鹅"。

生长环境

阿德利企鹅是南极大陆的标志性企鹅，分布最广。帽带企鹅和巴布亚企鹅的繁殖地遍布南极半岛和南大西洋的岛屿。

○ 阿德利企鹅、帽带企鹅和巴布亚企鹅

阿德利企鹅是南极数量最多的企鹅。它们虽然长相不华丽，却不失可爱之处。它们也是长期住在南极大陆的企鹅，与帝企鹅不同的是，阿德利企鹅的繁殖地点选在了南极半岛。

漫长的7个月，南极的冬天即将过去，温暖的阳光消融了海面上的浮冰，阿德利企鹅开始上岸生育儿女。雄性阿德利企鹅率先登上了内陆，争先恐后地来到繁殖地。它们多数都是在这里出生的，如今靠着直觉回到了家。随后，它们精心挑选着合适的石块。由于地面冻得很结实，石块可以使企鹅蛋不必接触冰冷的地面，资源有限，石块弥足珍贵。经过多日的辛勤劳动，雄性企鹅基本建好了它和雌企鹅的新家。

一个星期后，雌性企鹅也陆续到了。它们会通过叫声寻觅它们的伴侣。在接下来的2个月里，企鹅夫妻会继续扩建和修复巢穴，翻遍领地的每一块石头。这些石头一方面巩固着它们的巢穴，一方面也成为企鹅夫妇感情的见证。

冠企鹅属

成员

南跳岩企鹅、北跳岩企鹅、皇家企鹅、峡湾企鹅、史纳尔岛企鹅、马克罗尼企鹅、冠毛企鹅。

名字由来

它们头上都长着黄色羽冠，因此被称为"冠企鹅"。

生长环境

它们善于攀岩，广泛地分布在亚南极的一些岛屿上。

◯ 北跳岩企鹅、南跳岩企鹅和史纳尔岛企鹅

◯ 峡湾企鹅、皇家企鹅和马克罗尼企鹅

"马可罗尼"音译自英文通用名"Macaroni"，这种英文叫法源自于英国探险家，因为在发现马可罗尼企鹅的18世纪，该词泛指一群崇尚意大利文化、生活奢侈、打扮时髦的英国花花公子，应该是马可罗尼头顶上那束显著的金色羽毛与这些花花公子的发型十分相似，因此也得到了同样的名称。

环企鹅属

成员

黑脚企鹅、麦哲伦企鹅、汉波

德企鹅、加拉帕戈斯企鹅。

名字由来

它们白色的前腹部上都长着一个状似翻转的马蹄形的黑色条纹，故称为"环企鹅属"。

生长环境

你无法在南极附近找到他们。黑脚企鹅产于南非；汉波德企鹅，产于秘鲁一带的南美洲西海岸；麦哲伦企鹅产于南美洲南部；加拉帕戈斯企鹅，产于赤道附近的加拉帕戈斯群岛。

TIPS: 为什么加拉帕戈斯企鹅不怕热？

加拉帕戈斯群岛的生活环境反差很大。地面上，正午时分的太阳会火辣辣地照耀着地面。海洋中，由于寒冷的洪堡德洋流会流经此处，使这里的水温降低到15℃。因此，它们必须适应水中的低温和陆地的高温。它们是如何做到这一点呢？在水中，它们只给翅膀和没长羽毛的脚传输少量血液，这样可以节省热量。在陆地上，它们则将血液输送到翅膀和脚，通过这些部分散发热量，细心的话就会发现，它们的翅膀下面有时甚至会变成玫瑰色。

○ 加拉帕戈斯企鹅、汉波德企鹅和黑脚企鹅

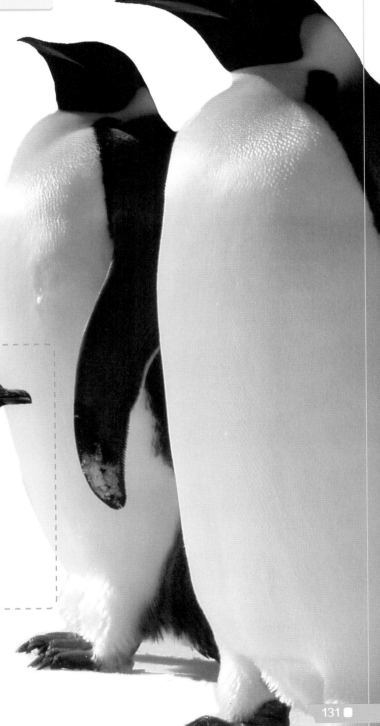

成员

　　小蓝企鹅。

名字由来

　　顾名思义，小蓝企鹅的两个特征为"小"和"蓝色羽毛"。小蓝企鹅的身高约为 43 厘米，体重 1 千克左右。

生长环境

　　澳大利亚和新西兰南部的沿海水域。

○ 小蓝企鹅

图书在版编目（CIP）数据

飞鸟 / 《知识就是力量》杂志社编. — 北京 ：
科学普及出版社，2017.6
（博士带你玩）
ISBN 978-7-110-09557-7

Ⅰ．①飞… Ⅱ．①知… Ⅲ．①鸟类－青少年读物
Ⅳ．①Q959.7-49

中国版本图书馆CIP数据核字（2017）第114899号

总 策 划	《知识就是力量》杂志社
策 划 人	郭　晶
责任编辑	李银慧
美术编辑	胡美岩　田伟娜
封面设计	曲　蒙
版式设计	胡美岩
责任校对	杨京华
责任印制	徐　飞

出　　版	科学普及出版社
发　　行	中国科学技术出版社发行部
地　　址	北京市海淀区中关村南大街16号
邮　　编	100081
发行电话	010-62173865
传　　真	010-62173081
网　　址	http://www.cspbooks.com.cn

开　　本	720mm×1000mm　1/16
字　　数	177千字
印　　张	8.5
版　　次	2017年6月第1版
印　　次	2017年6月第1次印刷
印　　刷	北京盛通印刷股份有限公司
书　　号	978-7-110-09557-7/FG・15
定　　价	39.80元

（凡购买本社图书，如有缺页、倒页、脱页者，本社发行部负责调换）

本书参编人员：李银慧、齐敏、朱文超、房宁、王滢、王金路、江琴、纪阿黎、刘妮娜